U0683137

〔德〕斯蒂芬妮·斯塔尔 著

陈佳 译

认同
自己：

如何超越与生俱来的弱点

天津出版传媒集团

天津人民出版社

图书在版编目（CIP）数据

认同自己：如何超越与生俱来的弱点／（德）斯蒂芬妮·斯塔尔著；陈佳译.--天津：天津人民出版社，2018.11

ISBN 978-7-201-14103-9

Ⅰ.①认… Ⅱ.①斯… ②陈… Ⅲ.①自信心—通俗读物 Ⅳ.① B848.4-49

中国版本图书馆 CIP 数据核字（2018）第 206989 号

Title of the original edition:
Leben kann auch einfach sein! So stärken Sie Ihr Selbstwertgefühl
Author: Stefanie Stahl
Copyright © 2011 Ellert & Richter Verlag GmbH, Hamburg

Simplified Chinese language edition arranged through mundt agency, Düsseldorf & through Rightol Media
（本书中文简体版权经由锐拓传媒取得 Email:copyright@rightol.com）

著作权合同登记号：图字02-2018-317号

认同自己：如何超越与生俱来的弱点
RENTONG ZIJI: RUHE CHAOYUE YUSHENGJULAI DE RUODIAN

出　　版　天津人民出版社
出 版 人　刘　庆
地　　址　天津市和平区西康路35号康岳大厦
邮政编码　300051
邮购电话　（022）23332469
网　　址　http://www.tjrmcbs.com
电子邮箱　tjrmcbs@126.com

责任编辑　陈　烨
特约编辑　李　羚
策划编辑　冀海波
装帧设计　林　丽

制版印刷　天津翔远印刷有限公司
经　　销　新华书店
开　　本　880×1230毫米　1/32
印　　张　9.5
字　　数　200千字
版次印次　2018年11月第1版　2018年11月第1次印刷
定　　价　46.80元

版权所有　侵权必究
图书如出现印装质量问题，请致电联系调换（022-23332469）

序

我小心翼翼地在灌木丛里潜行。我感到寒冷，昏暗的暮光中，我几乎看不清前方的路。我时常停下脚步向四周环视，似乎到处有敌人隐藏在暗处。可是我常常无法确定，我看到的是敌人，还是一个欺骗我的阴影。在这颗星球上生活，信心时常会遭遇挑战，但没有信心是危险的。我的身边到处都是可恶的人。他们都很强大——比我强大；他们也很狡猾——比我狡猾。他们中很多人都想把我弄得精疲力竭，因为我比他们弱小。虽然这里也有几个友善的居民，但是我从来都没有觉得特别安全。我常常以为这不会对我造成什么影响，然而往往"砰"的一声，它已经在我的心里扔了一块石头。无论我怎么小心，都不行。

在我的星球，通常是强者统治弱者。反抗是徒劳的。哪怕我从心底非常讨厌强者，但比起弱者，我更想成为强者。从孩童时期起我就开始和自己的弱小做斗争了。我经常处于一种焦虑状态，我总是试图把所有事情都做对，但我往往发现自己是个废物。有时候我会觉得自己内心强大，但那只是我的自我感觉，转瞬即逝。我只好沮丧地对自己说："接受现实吧，别再高估自己了，不然你只会摔得更惨。"

为了不让别人看到我有多弱，我穿上了厚厚的铠甲。有了它，我至少可以假装很强大。没有它，我不会离开家门半步。当我穿上厚厚的铠甲时，那些强大的人会以为我和他们是一类人，便再也不敢小觑我。除非有一天他们犀利的眼神透过我的内心，看到了我的恐惧。不过我完全不敢想象到时会发生什么事情。在这个世界上，弱小是致命的。因为我的弱小，我很讨厌自己。我也讨厌那些强大的人。但是我肯定不会跟他们说这些的，否则我就会直接被了结了。

除了穿上厚厚的铠甲，我还掌握了几个在这个星球生存的策略。这是我在孩童时期就习得的技能，在必要的时候，它们可以保护我。我也把他们传授给了我的孩子。我告诉他们，一定要"谨言慎行"。去做别人期待你做的事情。最好是再多做一点。如果强者想从你那儿得到什么，绝不能说"不"。最好能提前预料到强者想要什么，这样你就能更快地做出反应。看清形势、适应形势！我就是这么看待事物的，我也再三叮嘱我的孩子们这样做。

但是也有一些弱小的人，他们把自己变成叛逆者。真是荒谬。他们认为反抗会让情况有所改观。他们经常反抗，即便是一些微不足道的小事，他们也反抗。他们和强者非常相似，只要发现敌情，他们就会奋起直击。但是跟强者相比，他们对事态没有太多的把控权。

我最近从报纸上看到，有那么一个名为"信心"的星球。在那里，完全是另一幅景象。据说那里是民主统治。住在那里的人互相喜爱，当然他们也喜欢自己。我觉得如果我变强大了，我当然也会喜欢自己啊。而在这颗叫"信心"的星球上，尽管有的人弱小，可是他们依然喜欢自己。怎么会是这样呢？报纸上还写着，那里的人们时常心情愉悦。好吧，不过我还是能想象到的，要是我能劝服自己的话，我可能也会变得心情愉悦。

之后那里有一个人接受了采访，他说在他们那里虽然也有几个可恶的人，但绝大部分人都是很好的。出门的时候，他也不觉得自己受到了威胁。在采访中他还被问到，他是不是不用穿铠甲，这个人回答说他完全不知道这是什么东西。这让我大吃一惊，他竟然不知道什么是铠甲！记者继续问，你怎么隐藏自己的弱点，他说自己可以带着弱点生存下去。虽然他也想改善，但是其他人也都是不完美的啊。看到这儿我心想，要是你来我们这里一次，你就不会这样自吹自擂了。之后记者问他，如果被别人攻击了怎么办。这个人说，那他就只能自我防卫了，至于会怎么防卫，要视情况而定。通常情况下他会对攻击者说，我觉得你这样不太好，仅此而已。哈哈，我也要这样做一次！对一个强者说："你这样做我真的觉得很不好。"那些强者肯定会觉得我脑子不怎么清楚。他们会嘲笑我。

这个被采访的人还讲述了一段自己的生活：他会给自己定下目标，然后努力去实现它们。他已经实现了很多。他有一份好工作、一个有爱的妻子和两个讨人喜欢的孩子。有一些目标他也实现不了，但是他觉得没什么大不了的。"跌倒并不可怕，一蹶不振才可怕！"他这样说道。天哪，这个人也太异想天开了！我还是更愿意先看好情况，不让自己一开始就跌倒了。"要稳妥行事"。我父亲总是这样说。被采访的人还表示，他每天都很感恩生活赠予他的一切。呵呵，他大概还喜欢拥抱大树呢，神经病。

最后记者问他，去他们的星球上有什么条件。这个人说："很简单，你只需要接受真实的自己！"你们说说看，他这不是愚弄我吗？还有比这更难的入境条件吗？

　　　　　　　　　　　我就是我，这就是全部的我！

　　　　　　　　　　　大力水手

目 录

contents

第二部分　你为何如此不自信

第三部分　我想跳出这堵墙

后记

第一部分

意识到自我存在

/ 第一章 /

自我价值的需求感

自我、价值与感受，是用来描述内心信念的，这决定了一个人的生活方式和生活满意度，也描述了每个人都熟悉的一种内心状态：你可能感受到，也可能感受不到，又或者你时而感受到，时而又感受不到。迄今为止我遇到的每一个人，都会不由自主地对别人的自尊心说点什么，但他们却很少关注自己的自尊心。关于这个话题，我经常听到的一个说法是：自尊心——我更需要它！人们也会说到它的近义词，比如，自信心、自尊感或者自我意识。

但我个人认为"自尊心"这个词是最贴切的，因为最后有"心"这个字。当一个人处在自己不完全信任的环境中时，是内心感受的适应与调整让他拥有了存在的能力。这时，人是感觉不到自己较低的自尊心的。能被感受到的是低自尊心的衍生物，首先就是恐惧感和羞耻心。像其他感觉一样，恐惧感和羞耻心会让人表现出以下生理症状：发麻、心跳加速、胃或胸腔发胀发闷、呼吸急促、战栗或者感觉到下肢麻痹等，这些都是身体的生理反应，它们能让我们意识到自己正处于恐惧或羞耻的状态中。它们表明了我们当时不够信任环境，或者我们没有足够的价值感。这些反应综合起来，还会让我们产生其他感觉，如悲伤、失望，或者无助与愤怒，同时伴有生理上的表现。

"想得积极一点嘛！"怀疑自我的人经常会听到这样的话。Positive Thinking——积极思考！说得真轻巧：似乎这总是在别人身上更有效。"你可以做到的！""你能行的！""你很棒！""别人怎么想，对你来说并不重要！"默念或听到这样的话时，其实并没有什么用。我从未见过哪个女人每天走到镜子前对自己大声说"你很美"，然后就能对此深信不疑，进而改善自尊心。说实话，我也从未认识过试图这样做的人。也就是说，当一个人确信自己不是某种类型的人时，他其实知道，是无法说服自己去相信自己不信的事情的。

人是必然有自我意识的——这就成了猫咬尾巴团团转，说不清因果关系。但是当一个人只是不确定，还没有深信不疑自己不是某种人时，他经常会断定自己即使积极思考，也不一定会带来更多帮助，因为这时他听见的怀疑声音大于劝服的套话。内心的不完整，对否定的恐惧或者对丢脸的畏惧通常深入骨髓，以至于我们不能通过简单的话语或好的建议来消除它们。我听见了你的话，可是我一点也不相信！或者说，理论上来说所有的道理我都懂，但我还是什么都改变不了！这样的情绪状况可以被归纳为自尊心损害。

例如，我在刚开始写这本书时，持续的怀疑在啃噬着我：我能否胜任这个复杂的工作。我仿佛看见自己面前有一摞白纸，并且想着——这太多了，你写不了！而这些怀疑在阻碍我往别的方面想。与此同时，另一部分的我知道自己绝对可以写下去——这又不是第一次写，而且我确实有话要说。我静静地听着内心持不同意见和想法的小人在争辩，无法确定自己该相信什么。期间光阴流逝，我无所事事，喝着咖啡，呆望着前方，想着这是否有意义，我再写一本书到底为了什么。

我的书桌旁放着一架钢琴，它将我带入一种假象——写作很简单，最好先弹会儿钢琴。但是我坚持坐在那里，因为我不想放弃，因为我的内心有一个强大的声音告诉我：你必须克服这关！很幸运我自己不用承受低自信心之苦——不过这也是我对这个工作没有使命感的一个原因。理想的状况是，我作为一个写作者，曾经从低自信心中解脱出来，现在我可以从内心深处向读者们解释这是如何做到的。这些想法使我的写作停滞，但却因此把我推到了我正想要写的状态之中：自我怀疑，让人停滞不前，把生活变得艰难。这种自我怀疑也是因情境产生的，每个人都遇到过这种情况，就像我现在一样。当自我怀疑开始频繁地或者从根本上侵蚀一个人时，低自尊心也随之产生。

从根本上说，低自尊心只是内心状态的放大，每个人身上都会偶尔发生。就好像所有平常的问题，如恐惧、抑郁，对正常状态是一种拘束一样。对此我想说，如果一个人处在抑郁状态，那么他的内心是非常悲观的，他甚至会觉得一切都没有意义；他对任何事物都没有兴趣，也无法自己振作起来。他的眼里只有黑暗与昏沉，他甚至会想给自己一个了结。对他来说，找到一个满意的答案是很困难的。悲观主义绝对是一个可追溯的心理状态——我们的生活里确实充满了危险和未知。就算有时候感到空虚、悲伤、没有动力，也肯定不是什么错误的体验。抑郁只是在正常想法和感受之上将现实稍微放大了点。

身陷抑郁的人都落入了一种精神状态，对他来说，周围的一切都看起来不太顺心如意，他感觉不到什么美好事物，即便有，也是极其微弱的。拥有过低自尊心的人也同样如此，他们总是夸大自己的感受。在低自尊心的人的主观臆想中，他过高地估计了其他人的强项和弱点，过低地估计了自己在别人眼中的强项和弱点。或者，他高估了自己，低估了其他人，这个情况我们后面再说。

如何看清一个人是否自信

答案非常简单：自信的人接受自己的弱点，相反，不自信的人不接受自己的弱点，他们把弱点看得很重，会掩盖自己的弱点，不让其他人知道。不自信的人总是盯着自己的弱点，他们觉得自己和想成为的人之间存在很大差距，心理学家称之为"现实自我与理想自我的差异"。

无论是想象中的弱点，还是现实中的弱点，都是基于自己的主观感受，如果用语言描述，可能不会十分准确，但是如果将之与其他人稍作对比，便可一眼触及。不受欢迎是一个基本感受。不被喜欢、不被接受，会让一个人在灵魂深处产生强烈的不安全感。他会怀疑，怀疑自己的感知和判断不能被信任。对未来，他有着不明确的预期，他觉得其他人会对他不怀好意，他也无法保护自己。

如果一个人的自尊心很低，他生活的方方面面都会受到影响，而不仅仅是偶尔自尊心低的问题。我甚至认为，所有的心理障碍都来自过低的自尊心，只不过大部分不自信的人没有因此形成心理障碍。众所周知，失去信心的人并不会对自己的所有能力产生怀疑。例如，克劳斯先生在和其他人交往时感到不安甚至有点羞怯，但他确信自己是一位好父亲，当他和孩子们在一起时，他会觉得自信放松。又比如，马勒女士认为自己是只不安的小灰鼠，但她在工作当中自信心爆棚。工作时她觉得自己很重要，是万众瞩目的焦点。当然对于自尊心不高的人来说，也有一些场景会让他们感觉内行、有成就感。一个人觉得有安全感或者顷刻之间浑身不安取决于当时的社交情境：通常情况下，面对一个信任的朋友时，他会身心放松；但是在面对主管时，他却浑身紧绷，丝毫不敢懈怠。一个经常自尊心爆棚的人，也会偶尔在某些场合产生强烈的自我怀疑。

第二章

天生的"疲惫心"

我深信，一个人解决问题的最好办法，是将问题分解成几个小问题，逐一解决。因此接下来，我将详细分析这些问题，找出引起低自尊心的原因。在后面的章节中，我会给出一些引导，教大家将这些分解开的问题重新组合，从而形成一个内在稳定的自我价值框架。我不仅研究导致低自尊心的原因，也会阐明偶尔的不自信有时也会是优势。我还会突出强调不怎么自信的人经常拥有的强项。

　　首先来说问题。这些问题通常有两面性：一方面，对低自尊心的人来说，它们是痛苦万分的感受和经历，这些感受和经历常常会变成行为方式，让问题越来越严重。低自尊心会给人带来很多痛苦。很多人因为过低的自尊心活得很疲惫、忧郁，对生活很失望。我将详尽地探讨，去帮助我的读者们把生活抓在手中。这是我深为关切的事情。

　　另一方面，对我来说也很重要。低自尊心者的大多数试图以自保的方式来消除自己的恐惧，这样不仅对自己不好，对身边的人也不好。他们的过度自保可能对社交产生消极的后果。低自尊心的人可能是受害者，也可能是施害者。如果你是一个低自尊心的人，你可能无法理解这一点，但是如果真的想要改变自己的处境，接受自己也是施害者是必需的。因此，你们不仅要关注本身受到的伤害，也要时刻留心，大多数情况下没有恶意的自我保护，会对身边的人产生什么样的影响。

这个问题的两面是对立的，会让人有短暂的疼痛，但从长远看来，对形成健康的自信心是有极大帮助的。如果某些地方我的言辞稍显严肃犀利，请各位读者谅解。但是如果我想帮助你们的话，就必须坦率直言。你们可以这样看：在这本书里，我主要是向你们介绍如何正确地处理问题，而不是如何成为每个人都喜欢的人。如果有时我所说的真相令你们感到不适，那我就先用合适的例子做引导。在这里，我先介绍低自尊心的"症状"。

极易受伤害

对于没有安全感的人来说，最可怕的莫过于他们极易受伤害。他们在童年时期受过伤害，并从未被治愈。在某种程度上说，他们一直生活在慢性创伤中。简单地说，这种创伤可以被描述成极度不安全感。他们总在内心深处问自己：我究竟是不是被喜欢的？我到底受不受欢迎？没有人能够在心理上忍受自己不被任何人喜欢——被宗族、族群排斥在外是人类最原始的恐惧。这就是没有安全感的人内心最深处的恐惧。就算理论上他们确切地知道自己过分放大了恐惧，也是完全没有意义的。低自尊心的人思维混乱并且不够理性，且他们中的大多数对其严重程度不自知。伴随着这种恐惧，还有另一种模糊的恐惧，即主观上的无防御感、害怕被伤害。或者换一种说法：这样的人感觉自己无法应对生活，不能独立自主。

自信心强的人一生也至少会遇到一次这种情况，就好像要经受住腰下被重重一击。如此的重击让人踉跄：它会让人突然感到双腿摇晃，从根本上怀疑自己、怀疑世界。而这种情况对低自尊心的人来说却是经常出现的。大部分人不会持续产生这种感觉，不然没有人能承受得了。可是这种不安的、晕晕乎乎的感觉对低自尊心的人来说是如影随形的。因此他们很容易被伤害。他们细数着自己被拒绝否定的次数，因而常有被拒绝和否定的感觉。即使是一个无心的玩笑或者中立的评价，他们也会因为自己的敏感或不安而觉得别人是在有意伤害他。在与自卑的人交谈时我总能觉察到，周围的人无论怎样说话行事，他们都觉得是消极的，并且是针对自己的；然而在我看来，这些言行不是中立的，就是相当积极的。不少人简直将其变成了潜意识——在评价周围的人时，他们根本想不起来任何中立或积极的解读。

除了假想的伤害，当然也有来自其他人真实的批评和侮辱。而这两者都是在往不自信的人的伤口里撒盐，让他们疼痛异常。他们时常过度自我防御，他们通常不会好好说话，而是话中带刺，这种伤害带来的伤口愈合得尤其缓慢，甚至有时完全不能愈合。不难想象，在这种条件下生存会多么辛苦，低自尊心的人必然会为此惶惶不安，尽可能地避免被伤害。而这种防御会消耗很多能量，更糟糕的是，这个目标注定要落空。

害怕做出错误的决定

大部分低自尊心的人时刻处于防御状态，这意味着他们力求避免伤害——不想招人白眼。相对来说，自信的人力求实现自己的目标，他们更加关注于自己的能力，而不是弱点。他们对失败没有那么大的恐惧。害怕犯错和出洋相影响着许多自卑者的行为举止，而自信的人正努力让成功有望。因果联系在一起，自信的人对失败少有恐惧：失败可能使他们短时间内压抑、心情不好，但是他们不会像自卑者那样——因为失败而受到极大的人身伤害。如前面所说，可以把低自尊心比作裂开的伤口。如果往伤口里撒盐，自然会疼。而失败，是一大把盐。自信的人没有这样的慢性创伤，失败会在他们身上划开一个口子，但是伤口要不了多久就会愈合。他们相信自己能够承受住打击，甚至能够从中学到东西。他们不会一直想着保护自己不再受慢性创伤，这使他们更自由、更勇敢。

批评是失败的小姐妹。想要不自信的人变得更不自信，只要批判性的评价就够了，不管这评价是否有理有据。自卑的人不仅力求避免失败，还尽可能地避免对他的所有批评。每次被批评，他都会经历一次人身伤害，如同伤口里被撒了盐。

努力不犯错的背后，是对被否定的深深恐惧。自卑者无意识地将一件事情的失败当作他整个人的失败——不是一个项目失败了，而是他自己失败了。相反，自信的人不会把一件事情的失败强制性地看作整个人的失败。

与害怕犯错误紧密交织在一起的，是害怕做出错误的决定。很多不自信的人因此难以做出决定。他们时常纠结万分，权衡利弊，比较风险与机会，迟迟不能下定决心。与之密切相关的是，大多数情况下他们完全不相信自己的判断。他们不确定自己的推断对不对，对后果的评估正不正确。对犯错、批评和失败的恐惧减缓了他们的决断力。

　　阻碍他们作决断的还有另一个问题：他们常常不知道自己到底想要什么。

追求完美

　　一些自我价值受了损伤的人试图通过追求完美来自我防御。完美是不犯错误的另一种措辞。因此完美是保障他们不受伤害的标准，他们要把一切都做对。不自信的人生活在不明确的恐惧当中，觉得犯错会让自己被指责。把一件事情做到完美能给他们带来安全感。问题是：一件事什么时候才能算作完美？以及完美究竟能不能实现？事实是不能。因此这个解决策略也注定会落空。而且，不自信的人不仅想把一件事情做完美，他们还想把一切都变完美：工作中完美、当完美的母亲、有完美的外表、做一个完美的女主人等等。所以他们一直追着自己的要求奔跑，然后不可避免地遭遇挫折。追求完美的人都有着极端狭隘的评价空间：不完美＝很差。"满分、很好、好、良好、及格、不及格、很差"这个评分等级他们不会采用——至少在评价自己的成绩时不会采用。

怀疑自己的能力

让大多数自我价值受损的人极其痛苦的是他们对自己能力的持续怀疑。他们太不信任自己了。这和他们紧盯着自己的弱点有关系。他们更趋向于关注自己做不到的事情，而不是可以做到的事情。对犯错的恐惧和对完美的追求让不自信的人高估了自己的不足，低估了他们的能力。这种对自己能力的过低信任，导致了一些人在受高等教育或者在工作中产生反复的恐惧危机，直到变成身心疾病。最后，他们致力于逃离臆想中外界对自己的过高要求。一些人也因为长期的自我怀疑而导致职业发展受阻——不去完成任务，把任务抛在身后，堆积着并且中断工作。或者停留在机遇之后不去追赶，因为他们害怕职业挑战会让自己被否定——还是做惯常的工作比较好。

当然也有人恰巧因为恐惧而开创了成功的职业之路。这些人为了不失败，非常积极努力地去实现目标。可就算成功了，他们也不觉得幸福。我的一位来访者就属于这类人，有一次他对我说："我在事业上非常成功，但我一直都在恐惧。怎么会这样呢，除了这该死的恐惧，肯定还有一个别的什么动力。"

说到这里我想再说几句话：一个人容易受到伤害的地方，就是他自我怀疑的地方。只有说到他自我怀疑的伤口，批评才会让他疼痛。批评一个人相信自己的地方，是几乎不能伤害到他的。比如一个人非常确信自己是个好司机，那么在一般情况下，批评他的开车方式对他的影响是甚微的。他更可能觉得是批评他的人一无所知。如果批评的是他没有任何好胜心的领域，他又恰好在这一领域没有证明自己能做好的需求，同样对他造成不了什么伤害。这说明受伤的感觉从本质上关乎一个人对自己的看法和态度。

害怕被否定

不够自信的人一直担心自己会被否定，这其实是他大部分恐惧的来源。他有这样的恐惧，是因为他不接受自己，他所犯的每一个错误都让他痛苦——证明了自己不够好。自卑的人无法忍受自己。他与自己的关系是矛盾的——完全接受某些性格，甚至觉得它们很好，而却不接受其他性格。因为他与自己的关系是矛盾对立的，所以他认为别人也不会真正接受他。我都接受不了自己，别人怎么可能接受我呢？

和其他一样，他渴望别人能接受他真实的样子。正因为自卑的人不接受自己，所以他比自信的人更加渴望别人的接纳。因此他努力隐藏自己的弱点，避免犯错，以此来提高他被人喜

欢的概率。不管是有意识还是无意识的，他都是为了能更好地
忍受自己——以及证明给自己看，他还是有点价值的。如果一
个人否定自己，那么他要与自己和睦相处是很困难的。不被其
他人赞成、喜欢，或者被别人批评，对一个自卑的人来说尤其
艰难，因为当否定来临时，他没有足够的自爱来做缓冲。

为了和谐，放弃自己的需求

很多缺乏自信的人总希望一切和谐。为了清除道路上的矛
盾，即使对什么有意见，他们也不会说。这是他们从孩童时期
起就开始形成的不良习惯。为了取悦别人，或者至少不会得罪
人，他们努力满足周围人的期待。如果一个人感觉不到自己内
心的想法有多强烈，也就不会与对方产生分歧，当然会轻松许
多。自己内心的需求越少，附和对方的需求就越容易：如果对
巧克力冰淇淋没有兴趣了，那么放弃它就很容易。不去感受自
己的需求，总是同意别人的建议便会减少内心的冲突，因此也
减少了与周围人的潜在冲突。因为毕生都在训练压抑自己的需
求，很多自信心不高的人觉得连确认自己的需求都很困难。这
也是他们经常难以做决定的一个原因。

肯定答复相对的是否定答复。自卑的人脖子上的肌肉没怎

么做过摇头训练——说"不"的难度是很大的。这给他们带来了很多不愉快，即使一个人常常不确定自己想要什么，他至少应该知道自己不想要什么。可是因为他们寻求和谐，以及怕惹是生非，不想拒绝任何一个请求，所以他们常说"好的"，尽管他们内心想拒绝，或者至少是不怎么乐意的。

难以说"不"，给自卑的人带来了很大的精神负担。一方面，他们常常会因此"不自愿"地陷入他们并不想进入的场合。另一方面，拒绝别人让他们感到害羞，因此他们常常要做力所不能及的事情。他们想满足所有人的需求，然后因为别人的托付和过度取悦别人而精疲力竭。而且因为他们总是很难说"不"，慢慢地，他们内心真实的感受就会越来越迟钝。很多人长期被过分要求，身体上和心理上都失去了抵抗疾病的能力。

将攻击作为防御——母老虎

也有一些自卑的人通过不做老好人来解决问题，他们选择完全相反的策略：以主动攻击来自我防卫。比起与他们同病相怜但是追求和谐的人来说，他们在社交中显得更加生硬。如果感受到了威胁，他们会迅速反咬一口。"母老虎"这个词虽然是形容女人的，就其含义而言，形容男人也同样恰当，因此我选择对两种性别的人都使用这个词。不像寻求和谐的人那样努力当老好人、不得罪任何人，"老虎们"坚决斗争到底。通常情况下，一点点小事就会让他们觉得被攻击了，让他们想拿大炮轰"麻雀"。在一些极端情况下，他们会时刻准备将防御升级为主动爆粗口或者人身攻击。

这些有攻击欲的人，内心也常常觉得其他人对自己的期待太高，他们会尽可能地让更多的人清楚这一点。和寻求和谐的人一样，他们主观上感觉自己被周围真实的或臆想出的期待所压迫。如果拒绝了别人的请求，他们心里其实也不舒服。由于他们选择保护自己的个人空间，几经踌躇之后，他们常常会拒绝别人，而且拒绝得很粗暴，其实并不需要这样。一个自卑的人是寻求和谐还是有攻击欲，除了取决于儿童时期的成长条件，还与他先天的禀性息息相关。"老虎们"通常有易冲动的特质。他们的爆发经常让他们自己在事后感到痛苦——因为一般情况下他们肯定知道自己做得太过分了。可是要让他们抑制怒火是很困难的。

时刻准备攻击别人自然不能让所有人理解他的内心。因为他们常常害怕被否定，所以自己就先否定别人。他们更愿意选择所谓的"先下手为强"。你会经常听到他们说，反正他对大部分人都不感兴趣；或者某个公司里、某个聚会上和某个运动社团里，几乎都是一些智障，反正他也不想和那些人打交道。可以说他在实施"酸葡萄政策"。他把自己说成了寓言故事里的狐狸，吃不到葡萄就说葡萄酸：为了周围的人去克服自己的障碍是不值得的。他通过贬低别人来提高自己虚弱的自尊心。相反，那些寻求和谐与平衡的自卑者却贬低自己，提高别人。"老虎们"也偏向于在意别人对他的批评，但更多的是在事后。

通过攻击来防御的人，通常不会让周围的人感觉不自信。他们时刻准备攻击别人，让自己看起来像个自信的人。对这类人的大多数来说，这种自我保护策略已经深入骨髓，他们也从不知道自己其实有自我价值问题。

这里需要强调的是，一个自卑的人也可能两种防御方式都会用：他会根据所处的环境和自己当天的精神状况来做出反应，是更有攻击性，还是持保守态度——至少表面上是温和的。他也会因为所处的环境和精神状况而认为自己高人一等或低人一等。

相反，自信的人却觉得自己在大部分场合下都和其他人一样重要。高人一等与低人一等的概念在他的思维里不起决定性作用。

很难去相信

自卑的人最基本的问题之一，就是他们相信自己受外界环境的影响大于他们的个人行为。心理学家称之为"内部控制点过低"。不自信的人觉得自己的执行力不高，认为自己的言行很难对其他人产生影响。这也是他们害怕产生冲突的原因，"反正我什么都改变不了"——当他们要为自己的利益说话时，常常会做这样的评估。当工作需要好成绩时，他们会怀疑自己的能力。他们觉得自己很难对结果产生影响。因为他们的内部控制点过低，他们常常觉得一切都是因为宿命，自己不能主动去塑造生活。这对他们来说很稀松平常，因为他们习惯了等待命运的降临，而不是设定目标、排除万难。

因为他们觉得自己的影响力很小，所以错过了很多他们完全可以把握的时机。他们最大的问题之一就是不张嘴说话。由于自卑的人在很多方面怀疑自己的能力，他们不是回避事业高升的机会，就是拼了命地工作，想通过追求完美来消除自我怀疑。奇怪的是他们并不能被那些成就治愈。有心理学家研究证明，内部控制点低的人会把他们的成就归因于外界环境。所以很多不自信的人经常会说他们之所以做到了，只是因为运气好或者事情太简单了。

他们会把自己的能力说得很低。而自信的人却通常会拍拍自己的胸口，把成就归功于自己的能力。自卑与自信的人对成功的评价不同是因为：每个人都想维护自我形象。自信的人的做法是可以直接理解的，但是为什么自卑的人要维护自己的消极形象呢？答案是因为他们对自己的低能力深信不疑。他们就是不相信自己。他们的悲观主义是为了保护自己不要飞得太高——以免后来跌得太惨。悲观主义让人免于失望。他们更愿意通过坚信自己的消极形象来维持自己的安全。所以他们每时每刻都觉得自己需要卧病在床。

自卑与自信的人不仅在对待成功的问题上态度不同，对待失败也同样如此。心理研究表明：自尊心强的人在经历失败后会补偿性地关注自己的强项。为了重塑自己的内心，他们不会在事后回想自己犯了哪些错误，以及怎么才能在未来避免重蹈覆辙，而是把注意力放在能力上，并且思考自己擅长的事情。自卑的人面对失败时主要关注自己的弱点和所犯的错误，由失败带来的消极感受占满了他们的内心。

再针对内部控制点说几句：内部控制点低的人深深地怀疑自己的言行能影响什么，因此也导致了他们常有无助感。所以无助感也是不自信的人最常有的基本感受之一。与此同时，无助感也是抑郁的开路先锋。我会在后面的章节里详细解释这一点。

怀疑自己的价值

如果一个人极度没有安全感，对自己的价值严重怀疑，那么他不仅觉得自己坚持和执行的能力很差，而且他甚至会怀疑自己做这件事到底合不合理。不自信的人会经常抱怨一个问题，他们的需求和要求究竟有没有资格。这种对资格的不安全感强制性地阻碍了他们的自信和机智。自卑的人觉得自己不够好，给了其他人更多攻击的空间。寻求和谐的自卑者以一种令人不可思议的方式让自己被傲慢、放肆地对待。尤其是在伴侣关系领域，他们很快就会失去对方的尊重。

如果他们遇到一个辱骂、贬低自己的伴侣，他们会选择容忍，因为他们觉得自己去阻止这种事情的底气不足。在这种情况下，他们的不安全感同时在两方面产生了影响：一方面他们觉得自己不够好，而且对自己的弱点太在意了，很难对自己有一个稳定的看法，也因此很难形成自我保护。另一方面他们通常都很害怕失去自己的伴侣，而这又是他们认为自己不够好的一个证明。

除此之外，他们不相信自己能独自生活。或者他们害怕自己因为"市场价值"不高，而找不到新的伴侣。比起自信的人，他们对伴侣更加依赖，因为在他们的想象中，没有对方，他们就活不了。由于害怕被否定以及被伴侣抛弃，他们和伴侣的关系也是不健康的。尤其是当他们遇到一个对自己不好的人的时候。有些人则相反，他们过于依赖伴侣，伴侣不接受什么东西，他们就通通清除。自尊心不高也是对固定关系感到恐惧的原因。

强烈的责任感与羞耻心

责任感是很强烈的感受，会降低一个人的价值感，让人感到渺小。我发现，不自信的人常常趋向于夸大自己的责任感。即使有时完全不是自己的责任，他们也会这样做。很多不自信的人常常为别人的行为承担过多的责任。比如说，伴侣心情不好，他们会立马想到是不是自己做错了什么。如果一个同事指责了他们，他们的内心会变得很卑微，而不会考虑这样的指责合不合理。对很多不自信的人来说，责任感已经形成了条件反射。这都是父母教育的结果，父母在潜移默化中传递了责任感。

自卑的人从童年时期就知道，父母的快乐取决于自己的行为举止。比如说，当他们从学校带回来的成绩很差，母亲会很伤心。再比如说，孩子撒谎了，父亲会很失望。在下一章里，我会继续深入研究低自尊心的原因，所以这里不再多说。但是责任感与童年的经历一直都有很大的关系。

听天由命与缺乏生活乐趣

感到自己没什么价值、没什么资格和很难影响什么，会导致低自尊心的人一旦跌入低谷，就选择听天由命。低自尊心和抑郁是紧密联系在一起的。就像我在前面写的那样，作为一种生活感受，低自尊心是可以被察觉的。

低自尊心的人常常意志消沉，抱怨生活没有乐趣。不喜欢自己以及不断地保护自己，不被臆想中的攻击所伤害需要很多精力。精力不足和消失的生活乐趣，使得低自尊心的人一旦疾病缠身和面临疼痛，就会变得虚弱不堪。很多人身心俱疲，就是因为他们为生活消耗了太多的精力。有时候他们会放大听天由命的感觉，尤其是在经历一而再、再而三的失败之后。比起自信的人，他们通常放弃得更快一些。

过着陌生的生活

听天由命和缺乏乐趣经常让人觉得自己"活在错误的人生里"。不自信的人大多生活在防御之中，他们很少设定目标，很容易在不知不觉中偏离独立自主的路径。他们的生活道路常常被偶然事件，或者被那些他们出于安全考虑而接受的提议支配着，他们往往不会事先问问自己，那些到底是不是自己想要的。很多时候，他们的职业道路也是由父母决定的。经常有来访者向我抱怨，他们其实想做完全不同的事情，但是他们当时不相信自己能够违背父母的意愿。这与对目标没什么追求和害怕失败是密切相关的。

我的一位来访者当时很想学音乐，但是他没去学。因为他的父母急切地劝阻了他进入这个竞争激烈、养活不起自己的艺术行业，并说服他去学了银行管理。因为他也怀疑自己的艺术天赋，所以他并不相信自己能反父母之道而行。对此，他在一次谈话治疗中简明扼要地说："现在我虽然处在安全的一边，却非常可惜的是错误的一边！"

对自己能力的怀疑，还有他们与自己内心的期望和感受的脆弱联系，以及做决定时的犹豫不决，都会让一个自卑的人放弃自己。所以他们常常不确定哪一种职业适合他，自己想朝着哪个方向一往无前地前进。

害怕失去控制

不自信的人对自己、他人和生活常常缺乏信任。他们的座右铭通常是：信任很好，控制更好。他们留意着四周，小心翼翼地说话。他们控制自己的语言、反应和笑声。他们私下里和工作时一样紧张。他们在空闲时间里也放不开自己。一位42岁的来访者曾对我说，他喜欢喝红酒，但他一辈子连微醺都没有过，因为他害怕自己会做什么控制不了的事情。

对低自尊心的人来说，恐惧无时无刻不潜伏在身边。因此，很多人选择在日常生活中按部就班，以获得安全感。对于是否踏上新的路途，他们会非常犹豫不决。如果可以准确地预估前方的风险，会让他们有安全感。很难去保护自己、很难过好这一生的感觉，常常会延伸到和低自尊心明显无关的场合中。比如害怕去旅行或者害怕进入陌生的环境，这时常和内心深处的感受联系在一起，使他们觉得底气不足，或者自己坚持不了。

一个人若从内心深处觉得自己，包括生理和心理易受到攻击，也会使得他过分地对健康担忧。对恐惧的感知模糊不明确，终究会导致很多对生活有恐惧的人自尊心过低。他们通常会尽可能地采取更具安全感的措施来应对这些恐惧。很多低自尊心的人会感到一股被压抑的欲望，什么都想伸手去抓住。但也有很多人急切地渴望能放松一次，松一次手，或者哪怕只是开个小差。

自我厌恶

有些人自我怀疑得太深了，以至于他们完全厌恶自己。他们厌恶自己那么糟糕，厌恶自己的错误。自我厌恶会变成自我封锁。由于无意识的攻击性和自我毁灭性的行为方式，他们在潜意识里担心自己会有一个失败的、不幸的人生，并由此确认可悲的自我形象。

自我毁灭不一定像吸毒成瘾那样明显，它也可能在难以看透的层面发生。比如，长期对自己生活中所做的决定和由此形成的生活处境不满意。不论做什么工作，和谁谈恋爱，住在哪里，他们都不会觉得满足。他们不自觉地只关注自己和生活中不好的、难以解决的事情。极度的空虚使他们长期置身不幸当中。而他们在潜意识里也不想追求幸福。他们认为自己不配拥有幸福，因为他们觉得自己太糟糕了。他们在内心最深处怀疑自己存在的资格，也因此每天谴责自己消极的世界观。自我厌恶是由对父母极度依恋的错乱关系形成的，我将在后面的章节里进一步阐述。

害怕改变

　　自尊心有问题的人一生都在寻找让生活变得尽可能幸福的策略和信念。在没有安全感的星球上生活很危险。就像序言中的主角一样，很多人不相信生活还能过成其他样子。有的人还对自己的生存策略、对攻击者敏锐的触觉和他们随时准备逃走的警惕性感到骄傲——就好像序言里那个人对自己铠甲的骄傲一样。他们觉得自信的人蛮横轻率。他们为了不被伤害、不被消灭而努力的策略，给他们提供了方向、保护和安全感。

请继续往下读

　　我既不想让他们失去自己的铠甲，也不想让他们失去仅有的一点自负。在童年和青少年时期，这些策略就算没有拯救他们的生命，也是很有意义的。我也不想断言它们在很大程度上是不合理的。悲观主义和猜疑可能比乐观与信任更加现实，能更有力地保护他们。此外，对环境、对潜在危险的感觉，是一个人可衡量的唯一标准。低自尊心的读者该怎样相信我，如果我对他们说："生活不仅是这样的，外面的世界没有你想象的那么危险！"然而到目前为止，他们经历过的生活完全不是你说的那样，怎么办？

　　一旦一个人开始质疑自己长期以来坚信的东西和自我保护机制，他就会感到害怕，害怕发现自己可能把某些东西理解错了或者评价错了。没有什么比不能信任自己的感觉和判断更让人有威胁感了。毕竟感觉和判断是伴随一个人终身的导航系统。

　　如果我对自己过去坚信的东西和赖以生存的保护机制有一丝怀疑，那么我就需要用新的信念和策略取而代之，否则我就会失去赖以生存的信仰。改变会带来恐惧，恐惧常常多到让人更愿意维持原状——至少我对原来的生活非常熟悉。虽然一直以来的生活并不是尽善尽美的，甚至还会给人带来痛苦，但是谁知道改变会让人走上什么道路呢？可能一切会变得更差。

　　如果我坚信自己有很多缺点，并且因此而谨慎地自我保护，那么只要没有其他令我足够信服的想法，我就不能放弃所坚信的。不过，要是一点都不想改变的话，你们的手中应该也不会有这本书了。在努力变强的过程中，你们并不需要完全改变所坚信的一切，只需要不断修整，将过去的自我设定和保护机制调整得更合乎时宜。在这里，我对合乎时宜的理解是，像个成年人一样去适应生活。在孩童时期，多一些保护自己的策略是非常有必要的，然而现在你们也可以采取一些别的措施，让自己更加适应成年人的生活状况。

我会努力在这本书里给你们尽可能多的建议，让你们能够更新过去的自我设定和行为方式。但是你们得自己决定要不要相信我所说的，以及想不想让一些新的行为方式融入过去的行为方式当中。

我没有自我价值的问题

到现在为止，我所说的都是针对那些真正意识到自己没有安全感并因此感到痛苦的人。但也有很多人不知道自己的问题来自低自尊心。这些人可能会有些自负，在别人看来，他们对生活的方方面面都很满意，只是在自我审视方面显得盲目。这些人觉得自己很自信，感受不到我前面所说的问题，或者只能感受到一点点。很显然他们有其他的困扰，比如恐慌症、情感问题，或者对生活莫名的恐惧。他们常常一筹莫展，不知道这些恐惧和问题是从哪里来的。或者他们会考虑到自己的问题和个人生活经历有关，但是却看不清本质原因——受损的自尊心。

他们仅仅在一定程度上，而不是完全受到低自尊心的困扰。这里的一定程度指的是，心理上的不自信只占一部分，而且他们能很好地抵消这种感觉。所以这类人经常在职场上很成功，有着稳定的人际关系，并且自认为自己很有吸引力。只有反复追问，他们才会惊讶地发现自己所感受到的自信心之下还隐藏着一个更深的层面。这个更深的层面就包含他们受到低自尊心困扰的部分。

比如，那里有一个"胆怯的小女孩"，她不相信靠自己能在生活里站稳脚跟，因此她进入陌生环境时会深受恐慌症的困扰。或者有的人内心住着一个"肥胖的小男孩"，坚信自己得不到任何女孩的芳心，他会因此表现出对固定关系的恐惧。当他们成年后，当初那个胆怯的小女孩却变成了成功的家庭主妇和母亲，并且能够一直如此。而当初肥胖的小男孩也变成了一个严厉的管理者，身材修长而健硕。他用运动和职业上的成功驱赶着意识中曾经肥胖的小男孩，就像家庭主妇排挤一直隐藏在她心中胆怯的小女孩那样。他们内心中"胆怯的小女孩"和"肥胖的小男孩"仍然在潜意识里做出反应，从而带来恐慌症和固定关系恐惧症。这里的恐慌症和固定关系恐惧症只是为了阐述问题而举的例子。就像前面说过的，几乎所有心理问题的背后都隐藏着自尊心问题。

第三章

认知歪曲的恶性循环

在接下来的段落中，我将说到低自尊心常会导致的问题，以及很多人没弄清楚的问题，比如那些他们自以为的缺点和错误。不自信者的自我认知通常是歪曲的。因为他们感到深深的不安，不知道自己受不受欢迎，以及他们至少在一定程度上没有喜欢自己的能力，使得他们觉得自己在情感上容易受伤害。

他们一般会花很多时间在这些问题上钻牛角尖、揣测别人的反应。他们竭尽全力地去完成别人的所有要求，如果可能的话，还要做到完美。他们尽力去满足周围人对他的期待，因此看不见眼下自己的需求是什么。可是自己的愿望、需求、向往不可能被完全抹杀，不自信的人和自信的人一样，也希望它们能够被满足。其中最主要的一个需求就是希望得到认可——不仅仅得到别人的认可，更重要的是被自己所认可。没人愿意糟糕地存活于世，不自信的人更不愿意了。

他们通常会努力向他人和自己证明，自己还是有价值的。这常常会导致他算两笔重复的账：不自信的人一方面残酷地清算自己的不足之处，另一方面会尽力把自己的亏损保持在一定的范围之内，以此来保护自我价值不被再次入侵。而这又会导致他时不时地自我欺骗，来掩盖令他不舒服的自我认知。根据我的经验，很多自卑的人都在错误的前线上战斗：他们只着眼于自己的弱点，而其他人根本看不出来有这些弱点，或者他们觉得这些弱点抵消了自己的长处。不过这些由低自尊心导致的弱点确实值得研究，它们中的大多数都来自意识的边缘。

受害者

不自信的人常常觉得自己是受害者。这和主观上他们没有防御能力有很大关系。不安全感给他们带来了低人一等的感觉，或者换一种说法：他们认为对方更占优势。他们不仅认为自己不能维护既有的利益，而且会怀疑自己是否还有利益存在。他们害怕被否定，长期处于痛苦的状态，做着自己不想做的事情。他们通过扭曲自我来迎合看起来更强大的人。他们厌恶这些人，而且通常会更厌恶让他们感到被支配的人。因为他们很少利用自己的创造能力和行为空间，他们往往成了其他人的牺牲者。而他们却看不见，自己是自愿服从于他人的。这貌似也适用于"老虎们"，他们虽然经常自我防卫，但是也厌恶那些不得不去防卫的人，他们讨厌其他人对自己的期待。

受害者心态导致很多不自信的人很少从自己身上找原因，在遇到人际关系问题时，他们习惯于从对方身上找原因。他们害怕引起冲突，这就会导致，如果非要站队表明立场时，他们通常会有些胆怯，而这又常常会引起误会。不自信的人常常错误地以为对方知道他想要什么或不想要什么。他们也可能会想，要是从对方眼里看到了小心翼翼的暗示，他才会维护自己的观点。

"老虎们"当然也是不喜欢冲突的，大多数时候他们很少主动攻击，除非没有其他选择。比如，他们会对一句相对无恶意的评论或者别人一个笨拙的行为反应过激，但是却不说出自己内心的真实感受。因此对于不自信的人来说，用平静适当的语言来表达自己的意愿是很困难的，他们也常常模糊地期待别人能够猜到或看出他的真实意愿。

当别人没有遵循他的真实意愿，或者假装达成共识时，不自信的人不会大声说"不"，而是会开始埋怨对方，让别人为他的不幸负责任。这可能会让人觉得有些自相矛盾：不自信的人最终都趋向于怀疑自我。但是这只是勋章的一面。如果觉得是自己的责任，不自信的人通常会坐立不安，所以通常情况下他们会选择把自己摘得干干净净，让对方去负责任，这样就会使他们的内心不对自己太绝望。

在其他方面，低自尊心的人常常不怎么努力，甚至完全不努力去实现自己的目标，等到目标没有达成时，他们就开始怀疑自己是否能力有问题。或者为了避免期望落空以致失望，他们从一开始就不设定明确的目标，这可能是因为他们内心迷茫，无法确切地知道自己究竟想干什么。结果就是：他们中的有些人在上学或者工作时赶不上机遇，甚至事业停滞不前；时时刻刻处于防御之中，并总是嫉妒身边的每一个人；他们总是把这种"失败"归因于外界环境或者其他人；他们常常一边抱怨所谓的"为达到目的不择手段的人""冷酷绝情地追随目标的人"，一边宣称自己心地善良、敏感；他们恐惧失败，总是害怕引起冲突，做事唯唯诺诺，让人们误以为他们和善友爱、品性敦厚。

嫉妒和幸灾乐祸

如果一个人一直觉得自己是个受害者，那么在他遭遇一个看起来更强大的人时，他们会产生矛盾。不自信的人觉得自己弱小、没有优势，强大的人该为此负责。当他们害怕引起冲突时，常常会觉得强大的人过于强势。

比起自信的人，自卑的人往往很难从容应对周围的人，而他们自己竟然对此毫无察觉。他们时常觉得自己低人一等，看到自信的人，他们会产生误解和嫉妒，并且会暗暗把对方视为竞争对手。很多人却不愿意承认这方面的问题。根据我的经验，这是最值得关注的现象之一：他们常为根本不确定的或者不足为道的缺点与不足感到自责，却对确实存在的缺点视而不见。他们常常把自己的和善友爱放在第一位，不能清楚地分辨和善友爱与怕惹是生非，以及因为他们不够爱自己，也很难做到博爱——不爱自己的人，没有太多可以赠予别人的东西。

一个人对自己的看法，常常也会影响他如何看待其他人。比起能够接受自己缺点的人，一个对自己很苛刻的人在看别人时也时常看缺点。很多不自信的人在惊叹于别人的强大时，也时常把注意力聚焦于对方的缺点上。他们可能对对方非常苛责，因为他们也是这么对自己的。因为自卑感，他们习惯于贬低那些看起来强大的人——为了自己可以平视对方。

掩饰内心

就像我前面已经提过的，很多低自尊心的人时刻处于防御状态，偶尔想跟人保持和谐，偶尔又想攻击别人。不管是哪种情况，他们都在努力隐藏自己所认为的缺点，尽可能地维系和别人的和谐关系。这就会导致有时候他们不能对周围的人敞开心扉。一方面，他们和对方保持一定的距离，批判性地看待对方；另一方面，他们很难敞开心扉，或者只能敞开一条缝。不想发生正面冲突的人听他们说话会尤其谨慎。因此想要确定自己的立场并且做一个正确的评估不会太简单。如果他说某个东西不合他心意，是绝对不能相信的。他们的怒火往往只在内心燃烧，表面上依然保持平静。"笑里藏刀"说的就是这种人。他们不表达自己的真实观点，并且有策略地掩饰要说的话。如果他们觉得自己的需求、愿望和观点可能会引起对方的不满，为了维护和对方的关系，他们就会这样做。如果不涉及人际关系单独评判，而且说出自己的观点不会给自己带来什么危险，他们也会畅所欲言。

他们之所以对任何事物都持保留态度，是因为他们害怕被否定。如果事情变得严重了，他们害怕最后不能自圆其说。他们一直担心自己会陷入低人一等的境地。他们太害怕受到伤害。然而这样做会让人觉得伪善。比如，当来访者向我抱怨自己"最好的闺蜜"或"最好的兄弟"时，我非常惊讶，他们从来没有和朋友开诚布公地说过自己的不愉快。之后我问他们，如果和朋友开诚布公地谈话，朋友会说什么呢？他们往往会带着自责说，朋友肯定会感到吃惊。

也不是说不自信的人品性就比自信的人差，只是他们常常感到担忧和害怕，这使得他们变得不那么坦诚。这种"我把不愉快埋在自己心里"导致的最大问题就是，和朋友或者伴侣相处时间长了，他们会备感压力。随着时间的推移，心中郁结的不快不会自动消失，而是会渐渐变成冷酷的愤怒。这样一来，要么是一句争吵都没有就突然关系破裂了，要么就是在一次愤怒中突然爆发，而对方毫无准备。相比及时开口，直接把可能引起的误会解释清楚，这样会使双方都因为这段关系而心情沉重。不自信的人对和谐的追求虽然在短期内美化了这段关系，可最终关系还是会破裂。

不管是解释误会，还是在必要的情况下做出道歉，我当然是鼓励来访者及时跟对方坦诚沟通，这也是唯一能和对方交心的机会，便于双方之后重新梳理这段关系。关于如何以合适的方式说出问题或者冲突，我会在讲到关于"沟通"的内容时详细阐述。

"老虎们"的处理方式却有些不一样。他们能敏锐地感觉到被攻击了和受伤了——太容易了。他们会马上破口大骂，而对方往往完全不清楚自己刚刚做了什么，还是说了什么不该说的话。这当然也不是在维护关系。不过对"老虎们"来说，敞开心扉说出心里话也不是一件容易的事，芝麻大的小事都会让他们勃然大怒。袒露自己真实的需求，会让他们时刻面临受伤的

威胁。而他们往往和怕惹是生非的人一样，不想被伤害。就像
我之前写的，大部分"老虎们"明确知道自己的问题，也因此
被困扰。经常有来访者来找我做心理治疗，想控制自己的冲动。
关于如何管理自己冲动的性格，我会在后面的章节中介绍。

第四章

沟通与自尊心

掩饰，推诿责任和被动反抗

接下来，我将说到不自信的人常见的沟通问题。

沟通这个主题可能会让一部分读者感到不适。读过之后，你们也有可能会对沟通有新的认识。如果接下来的阐述说中了你们的问题，我先在这里拜托你们不要把这本书扔在一边，而是要勇敢地找出自己的问题——只有这样才能解决问题。没有从中找出问题的，你们应该感到高兴，你们的不自信没有以消极的方式在沟通中表现出来。不过你们仍然能从我的阐述中受益，因为这些东西有助于你睁开双眼看清周围的一些人。

心理问题往往是人际关系问题，我在这里所说的人际关系问题是所有人与人之间的联系，而不仅仅是恋爱关系。我已经说过，不自信者一个很重要的问题是不够坦诚。他们不做决定，但却往往琢磨如何保护自己，纠正其他人，满足自己的需求。他们努力纠正其他人，但从本质上说是针对自己的：为了保护受伤的自我。他们不会问自己"什么是有意义的"，而是问"我怎样才能更好地保护自己"。这种自我防御会导致沟通受阻。

很多不自信的人很难对自己的言行负责。当他们读到这里的时候，可能会愤怒。他们甚至觉得自己承担了太多责任。但有可能他们所承担的责任，只是一种责任的假象。所以他们想要避开争吵，不伤害任何人，因此要保留自己的意见不表达。他们把保护自己放在首位，其他人很难看清他们，并且无法指责他们。相反，如果你们敞开自己的内心生活，那么你对面的人就会更加了解你的立场和你现在怎么样。而这意味着，你们必须对自己的愿望、需求、想法以及感受负责。这当然也会给你们带来危险，一个心愿可能会被拒绝，一个观点可能会被批判。总而言之，你可能会被否定。

因此很多低自尊心的人在沟通中更愿意选择防御策略：

·隐藏真实的想法、需求和恐惧。

·把责任推诿给其他人。

·被动反抗：筑墙，有意让其他人为难。

我在这里举一个例子：

苏珊娜定期去健身房，在那里她认识了乔安娜。她们经常聊天，她们相互理解。但受到低自尊心困扰的苏珊娜认为乔安娜强大而自信。此外她还认为乔安娜比她更漂亮更幽默。乔安娜自信的举止，她的吸引力和幽默致使自尊心不高的苏珊娜产生了嫉妒之心。她以自己有一个更高的职业身份来安慰自己。苏珊娜内心对乔安娜的态度是矛盾的：她一方面认为乔安娜确实很友好很幽默；另一方面，在乔安娜面前，她被自卑感折磨着，为此她怪罪乔安娜（而不是自己）。然而乔安娜并不知道苏珊娜矛盾的内心。因为在她看来，苏珊娜是很让人喜欢的。

有一天，乔安娜向苏珊娜提议周末的晚上一起出去玩。而这引起了苏珊娜心里条件反射般的抗拒：她害怕自己像只灰老鼠一样地站在漂亮幽默的乔安娜身边（客观上来看，这是毫无根据的，但是低自尊心是不客观的）。然而苏珊娜既不想对乔安娜坦白自己的担心，也不愿意冒着不讨喜的风险拒绝乔安娜的提议。然后她给了一个有弹性的回答："我很愿意跟你一起出去玩，不过很遗憾下周末已经安排得相当满了。"她希望能通过拖延时间来脱离危险。苏珊娜既没有说去，也没说不去。

乔安娜当然对苏珊娜内心的风暴毫不知情，几周之后她再次给出了相同的提议。苏珊娜却被限制了：只要乔安娜不失忆，她就不能再用上面说过的话来回答。所以她答应了要去，虽然她不想去。紧接着乔安娜建议了一个具体的时间，苏珊娜内心闷闷不乐，但却欣然地答应了。她期待着中间还能再发生点什么，能阻碍这个约定。

她对乔安娜的矛盾心理在此期间也增强了，因为乔安娜"强迫"她做出了一个约定。她怪罪乔安娜那样固执地追问她，在第一次给出答复的时候，她就已经"清楚地暗示了"她不想和乔安娜一起出去玩。在约定好的那天，苏珊娜觉得尤其受伤，因为她下巴上长了一颗讨厌的痘痘。她把对脸上这个瑕疵的怒气上升到内心对乔安娜的不满上了。下午她又感觉到头很疼，于是她就以此为借口，仓促地给乔安娜发了条短信回绝了她。

这个例子里出现了上面所说的三个所谓的策略：

第一，苏珊娜本可以把她怕自己像只灰老鼠一样站在乔安娜身旁的担心坦诚地说出来，乔安娜也会理解，她们可以彼此坦诚相见。而这可能也会使她们的关系更加亲密，但苏珊娜的沉默却拉远了她们之间的距离。

第二，苏珊娜把她的内心矛盾怪罪到乔安娜身上。她没有意识到是她自己感到自卑，并且没有坦诚地说出自己的想法。她逐步推诿了自己的责任，把它转移到乔安娜那里去了，她觉得是乔安娜"强迫"了她，因此对乔安娜很恼火。

第三，苏珊娜不真诚，形象地说是不开门见山，而是走了后门。这种被动攻击的行为我称之为筑墙。受心理影响的疾病，比如苏珊娜的头痛发作，常常就是因为不敢说出"不"字，还不得不去交际——对此也不承担责任。不想做别人期待他或者请求他做的事情时，被动反抗是一种策略，不用开诚布公地将拒绝说出来。来得太晚，慢腾腾地走路，不回消息，不说话，或者干脆将任务忘掉了，都是典型的被动反抗。和他们约定好的人要一直唠唠叨叨地重复请求他们遵守细节和约定，当他们进行被动反抗时，虽然他们嘴上答应了，但是身体却很诚实，没有什么行动。

下面这个例子更加戏剧化，很少有不自信的人会像我将要写到的软件开发员阿希姆一样走到这一步。通过举一个恰当的例子可以解释得更加明白，因此我选择了这个案例：

霍尔格和阿希姆是软件开发员，两人共用一间办公室。霍尔格是个自信的人，热爱生活也爱聊天，而阿希姆则是个沉默寡言的人。阿希姆很害怕犯错误，在工作中（其他时候也是）他努力不让自己做错事情。霍尔格在工作时不停地找他闲聊的癖好让阿希姆非常受不了，但是他又不敢开诚布公地把问题说出来。这里可以看出来的是，霍尔格的健谈之所以让阿希姆如此烦躁，是因为他从来没有友善地请求过霍尔格，让他工作的时候少说点话（霍尔格绝对不会因此而生他的气）。因此阿希姆在心里积攒了很多怒气。不仅是霍尔格的健谈让他恼火，还有霍尔格在女领导面前轻松自如的性格很招人喜欢，让他觉得自己很迟钝。

像霍尔格这样的人，一直都是阿希姆的眼中钉、肉中刺，因为阿希姆在他们面前感到自卑。阿希姆却没有意识到这些。他只觉得霍尔格是个金玉其外败絮其中的人。因此阿希姆就时不时对霍尔格做点小破坏。比如，"忘了"向霍尔格转达一个重要来访者的电话；偶尔扣留一份霍尔格的重要资料；或者在其他同事那里不断地讽刺挖苦霍尔格。霍尔格对这些事情完全不了解，他认为自己和阿希姆的关系非常缓和。阿希姆偶尔的健忘，霍尔格顶多只在事情发生的时候怪罪他一下。

后来有一次，霍尔格在工作中犯了个非常严重的错误。他拜托阿希姆帮他的忙，表面上阿希姆当然说没问题。他分析了霍尔格的数据，发现了错误之处，然后又往上偷偷加了一个小错误。他对霍尔格说他也解释不清问题是怎么来的。这个程序在第二天完全瘫痪了，这使得霍尔格面临巨大的困境。阿希姆在心里幸灾乐祸——这个愚蠢的牛皮大王也应该好好体验一下当废物是什么感觉了。

阿希姆以一种相当恶毒的方式"处理"了自己的自卑感。

我已经说过，大部分自我价值受损的人都走不到这一步，我也已经强调过，他们也常常对人很友好。这个例子可以很好地说明自卑感是怎样扭曲受害者和作案者之间的关系的。主观上说阿希姆没有理由不喜欢霍尔格：他坦率、合群、友好、无拘无束。阿希姆不承认自己是在嫉妒霍尔格，相反他贬低霍尔格，给他贴上"金玉其外败絮其中和牛皮大王"的标签，来抵消内心的自卑感。阿希姆感到自卑，认为自己是受害者，霍尔格是加害人。阿希姆这种由自卑感导致的扭曲认知，驱使他对"恶毒的"霍尔格进行报复。阿希姆从没公开反对过霍尔格，他的整个"作战计划"都是秘密进行的。

这是个很好的例子，一个人因为不自信而把自己筑进墙里。这堵墙不仅被用来自我保护，也被作为发动攻击的埋伏地点。可怕同事霍尔格的电影只在阿希姆的脑海中演完了——本故事纯属虚构。阿希姆的想象却走向了现实，他导演了一场战争，并且给霍尔格造成了相当大的伤害。然而霍尔格毫无疑心，变成了一个无辜的牺牲者。要是问阿希姆的自我印象，我想他会在人生履历和日常生活中把自己描述成一个受害者。

让我们从沟通策略的角度来看看上面的例子：

第一，隐藏真实的想法、需求和恐惧。阿希姆没有展露真实的自我。他对霍尔格的看法、他的感受和恐惧被他紧紧封闭了起来。

第二，把责任推诿给其他人。阿希姆在霍尔格面前感到不舒服是霍尔格的错。

第三，筑墙和被动反抗。这里要说的是，阿希姆的被动性反抗流露了出来——他暗地里主动地伤害了霍尔格。

立即进行防御

和不自信的人沟通时，他们总是摆出一副反击的姿态。之所以会这样，是因为他们的内心对他人的批判。这导致别人还没有抨击他，他就已经开始自我防御了。这样一来，谈话就会变得非常不舒服，并且会很快陷入僵局。

A：你把邮件给托马斯转发过去了吗？

B：我还有很多事情要做，你看不见我快被工作淹没了吗？

A：（亲切地）你看起来很累。

B：（粗暴地）我可是工作了一整天！

A：要一起出去走走吗？

B：你想杀了我吗？

A从来没攻击过B。然而B却觉得每一个问题里都潜藏着攻击性，他要把它们扼杀在摇篮中。对没有转发邮件这样无恶意的事实，B也不愿意直接说他还没来得及做，而是直接开始反攻：你看不见我快被工作淹没了吗（言外之意：你为什么要问这么烦人的问题）？他借此来预防可能出现的批评，比如只是忘了发邮件，主观上根本不是什么严重的事，在B眼里却是一个错误。

在第二个例子中，B觉得自己受到攻击了，因为他外表看起来不是最好的样子，让他有点受伤，因此他要粗暴地阻挡攻击。

在第三个例子中，B可能不想承认他只是懒得出去走，或者是他的身体确实不那么舒服。但两种情况他都不愿意说出来，因为他认为这是自己的错误。除此之外，他还担心A要以很好的理由来劝说他去散步，这会让他感觉自己被强迫了。比如A可能说运动运动对身体有好处。这个理由B无法反驳，而且会把他逼入困境，他想通过反击来回避什么。

请不要给我施压

　　不自信的人很容易觉得周围的人在给自己施压，因为他们自己很难开口说不。此外，因为他们常常需要更久的时间来整理自己的思绪和感受，如果当时就要他们给出答案，会让他们觉得这个要求稍微过分了点。这可能使得和他们相处的人产生误解，因为大部分人不知道不自信的人在想什么。

　　约翰向他的女朋友梅兰妮提议一起去看电影。梅兰妮其实没有兴趣，她也向约翰表示了。约翰很想去看电影，所以他告诉梅兰妮电影很诱人，也就是说他试图以有力的论据来说服梅兰妮。梅兰妮觉得自己被施压了，因为她无可辩驳，但她真的没兴趣去看电影，但她不敢说出口。所以她就不情愿地答应了。看电影的过程中，她很难集中注意力，因为她对自己和约翰都很恼怒，但她选择不说。在她和约翰的恋爱关系中，总是发生这样的事情，即使她心里不想，但她嘴上还是答应了。

　　如果有人对不自信的人提出了问题或期望，他们很快就会觉得自己被施压了。他们渴望满足对方，不让对方失望，这使得他们很容易陷入漩涡。但他们无法跟对方说出明确的拒绝理由，因为他自己都不明白自己想要什么。

　　即便有自己的立场时，不自信的人也有可能不会公开表示出来。很多不自信的人认为自己不善言辞——在决定性时刻，他们找不到合适的言辞。他们很少练习为自己辩护。当他们不得不做某些事情的时候，他们会非常有压力，会思绪停顿，想不出任何反驳的论据。

不自信的人很容易被公开表达观点的人吓到。他们觉得这类人强大并且很有优越感，认为自己比不过他们。梅兰妮也有这种感觉，她认为约翰是恋爱关系中强势的那一方。这是梅兰妮的直接感受，这也导致大多数时候她不得不听从约翰。梅兰妮心里隐藏着很大的恐惧——如果她不满足约翰的期望，约翰就会离开她。问题在于，在这段关系里，梅兰妮对约翰的不情愿一直都存在。她觉得自己"丢失了太多的自我"。她虽然也责怪自己，但是她更多的是怪罪约翰"太强势了"。

当然，梅兰妮也有反驳约翰的时候，并不是对所有事情都说"好的"，可是约翰并不能理解梅兰妮的感受。梅兰妮确实对他"明确"地说过，她对看电影不感兴趣，但是约翰"不理会"。在约翰眼里，努力用合理的论据说服另一半并不犯法。他想不到他的女朋友感到被支配了，因为他认为梅兰妮能为自己的想法辩护。对于约翰来说，偶尔讨论一下提议是完全没问题的。他认为梅兰妮和自己是平等的——她和自己有同样的权利是不言而喻的！

当梅兰妮同意去看电影时，他以为是自己介绍了电影之后梅兰妮改变了她的想法。约翰在就事论事的层面上说服梅兰妮，也以为她被成功说服了。而梅兰妮则停留在恐惧的层面上。她答应去电影院是为了取悦约翰，而不是被说服了。在这里，梅兰妮和约翰产生了很大的误解。这个误解是他们恋爱关系的问题：约翰认为自己和梅兰妮是平等的，梅兰妮却感到自己不如约翰。虽然梅兰妮经常想拒绝，但她嘴上还是答应了。因此梅兰妮越来越觉得自己被约翰支配着，感到自己在这段关系中放弃了很多。

这导致她最近一段时间在床上很冷淡。但是梅兰妮并没有意识到约翰看起来的强势和她的冷淡之间的关联。然而这两者之间形成了很紧密的心理关联：感到自己被另一半所支配，自己要常常迎合对方，常常会导致他们拒绝性生活（男人和女人都是）。自卑的那一方不自觉地表现出，他们要在性这方面保护自己的底线——你也别再想从我这里得到这个！至少我的身体是属于我的！亲密关系因此被剪断，另一半要（大部分情况下是不知情的）为他们的"侵略"在生活中付出被拒绝性生活的代价。在这里，拒绝性生活是被动反抗的一个典型策略。

不是所有自卑的人都会去迎合别人的期望。有的人为了保护自己，会使用完全相反的策略。他们会为自己划清界限。他们很容易感到被施压了，但是他们坚决不妥协，而是选择针锋相对。

看清了问题，也容易被问题困住

这是低自尊心给自己带来的最严重的问题了。根据我的经验，如果想要找到解决的办法，认识到这个问题就已经成功了一半。因为如果我能意识到自己的行为方式有问题，那么我也可以下意识地去改变它们。如果问题藏在潜意识里或者忽明忽暗，它们就会接管对我的行为方式的掌控。这意味着自尊心不高的人不能有意识地去控制自己的言行，大多数时候，他们都感到无能为力。不够自信的感觉是具体的，很多自卑的人虽然清楚地感到不安了，但是他却不知道这会给他的言行、想法和感受带来什么具体的影响。而改变就是从这些具体的影响着手的。

为了更好地解释这个问题，让我们回到梅兰妮的例子上：梅兰妮虽然知道自己是个不自信的人，却没有真正认识到不自信给她的沟通方式和她与约翰的关系带来了什么影响。她不知道，在恋爱关系中对约翰的自愿服从使她筋疲力尽。她因为害怕失去约翰而不情愿地答应约翰，让她在这段感情里觉得越来越被束缚。对此她没有思考过，束缚她的是自己，而不是约翰。她把问题放在约翰身上了，是约翰让她感到被支配了。长此以往，这会使她对约翰的感情变得冷淡，最后让她选择结束两人的关系。

　　因此自尊心过低是感情问题和固定关系恐惧症的震中地带。要是梅兰妮能够完全意识到自己在做什么，那么她就能自觉地克服困难，维护自己的观点，或者和约翰开诚布公地沟通。这样约翰就知道是怎么回事了，也能更好地配合她，比如经常鼓励她去表达自己的意愿。

　　如果你们在阅读过程中有了新的认识，那你们也可以开始思考了，以后要具体在哪些方面改变自己。自尊心不高的问题不能一下就被解决掉，要改变自己行为方式的很多细微、具体之处，你才能变得更加自信。如何改变行为方式，我会在后面的章节讲到。

第五章

不自信者的优势

在上个章节，我针对缺乏自尊心的人和与他相处的人可能产生的相关问题进行了阐述，接下来我想讲一下缺乏自尊心的人所拥有的优势。对和睦环境有着强烈需求的不自信者，往往在交际中能使对方感到很愉快。他们友善，乐于助人，没有进攻性，而且因为性格矜持，他们绝大多数都可以成为很好的倾听者。因此，这些"老虎们"展现出来的另一面又是清新愉快的。

由于害怕犯错误，所以他们所犯的错误会减少（除非这种不安会导致他们产生恐慌或麻痹的状态）。不自信者时时刻刻都在为即将发生的事情做准备。相反，自信的人往往容易掉以轻心，忽视错误和陷阱，从而面临更大的风险。不自信的人因为思维缜密而更受重视。因为他们擅长均衡斡旋，不愿突显自我的个性，他们往往适合团队合作。

不愿让别人失望并想努力达到期望的心态，使得他们成为乐于助人并受人喜爱的人。他们能灵敏地察觉到对方的期望，从而调整自己的感知，不断扩展自己的感知范围。

对于潜在危险的担忧，使得他们能够保持警觉，做好监管监督工作。相反，自信者在社交中会很少对风险进行预估，有时会犯些低级错误。由于判断预警系统没有得到良好的训练，他们在感觉上很认可周围的人。

不自信的人还有一个特别的优点：及时上交工作。相比之下，自信的人必须承担无法完成任务却又无法解决问题的风险。这在心理学研究中也被证实了：一个基本不再变化的情境会使具有强大内部控制点的自信者经常丧失判断和认知力，也带来了徒劳无功的风险。在此还应当说明，缺乏足够自信的人在对所产生问题的"忍耐度"上要优于自信的人。与像斗士一样总是假想着解决问题的方法的自信者相比，这一点对缺乏自信者大有帮助。自信者越是觉得无法改变事实，就越接近绝望——因为他们对于没有变化的情境并没有什么忍耐度。相反，不自信者却往往能找到那些在无意中训练过的解决问题的方法。他们最终也能找到解决这类问题的最佳答案。

第二部分

你为何如此不自信

第六章

不自信的两大因素

缺乏自信的原因可以主要归纳为两类：遗传因素和儿童时期的经历。当然，成年后的经历也会影响自信心，但主要原因仍是父母教育以及遗传基因。我们的性格在某种程度上来自遗传，自信心也会受此影响。也就是说，孩子们是带着对恐惧的承受能力来到世界上的，甚至害羞在很大程度上也来自遗传。有的孩子即使完全在慷慨大方的教育环境中成长，长大后仍然可能在公众场合表现得十分羞涩。相反，有些孩子即使是在父母缺乏良好教育方法的环境中成长，仍能培养出强大的自信心，这说明后天教育和自信心的培养并不是一对一的关系，有太多的因素能够影响自信心的养成。

　　内向型和外向型的性格，也与自我价值观念有着同样的关系——一个人的特点大多是天生的。典型的外向型特点是：随和，健谈，精力充沛，敢于冒险和探索。然而，内向型的特点是：安静，善于思索和谨慎认真。在心境上，外向的人更快乐，比内向型的人更乐观。这也意味着他们在面对问题时能从社会上找到更多的帮助，而内向型的人则多倾向于自我解决问题。这就是内向型和外向型的性格与自我价值观念的相互关系：得益于对自我价值观念的认同，外向型的人通过积极讨论问题并主动寻求帮助，能够掌握更好地解决问题的策略。

性格外向的人因为与周围的人更为亲近，所以常常能得到更多积极的反馈。而这一特点90%是由遗传基因所决定的，所以它在童年时期就会显现。外向的孩子总喜欢跑到别的孩子或者成年人那里咿咿呀呀说个不停，也较容易建立起新的关系，并迅速博得大人的同情或结识新的朋友。相反，内向的孩子在与陌生人接触时总是很羞涩和沉默，这就是他们不能像外向的孩子那样迅速敞开心扉的原因。外向孩子的自尊心能受到更多积极的影响。但内向的孩子并不一定很自卑，只是他们比外向的孩子更敏感而已。

无论你是内向型还是外向型，重要的是对自己的认可。内向型和外向型的性格都有各自的优点和缺点，没有哪一方比另一方更好或者更差。虽然乍一看外向型的人更有优势，但是内向型的人同样拥有很多特长：很好的独立性；不受外界评价的影响；面对艰巨任务时能表现出良好的持久力和顽强的内在生命力。另外，"遗传基因所决定的"并不代表没有后天改变的可能性。

关于自信不足是在怎样在儿童的成长经历中形成的，我将在接下来的章节中讨论。如果你本身就缺乏自信心，重新审视自己的童年经历将会对分析其成因有很大帮助。这可以让你更好地了解自己——尤其是那些从外部，也就是从你的父母那里得来的内心的信念。

我还会讨论一下教育方式对自尊心的影响。这并不包括所有因素，也并不是每一位读者都能在这里找到符合的因素。因为对于形成因素的全面论述将占用太多的篇幅，所以我必须将之限定在一定的范围内。下文的讨论可以启发你的灵感，并促使你进一步了解成长时期所受教育与自我价值观念形成之间的关系。

基本的信任是如何建立的

幼儿时期是我们大脑发育出现差异化的时期，因此这个时期的经历为我们今后生活中自我价值的正常建立奠定了基础。通过对神经系统的研究我们知道，大脑中有一个奖励和惩罚中枢，可以接受不同的信息刺激。经常接受父母压力或惩罚的孩子，其大脑中的惩罚系统就比奖励系统对其影响更大。这导致的结果就是，当这些人成年以后，他们会更敏锐地感受到别人的拒绝或者惩罚。对方一个小的手势就足以激活他们的惩罚系统，他们将会把这种手势解释为针对自我本身的一种行为。那些惩罚系统占主导的人常处于长期挫败感之中，而且比起大脑中建立起奖励系统的人，他们更难以恢复到正常状态。然而这些在教育中所形成的神经系统并不是不可改变的，人们仍然能通过决心和意志力在惩罚系统和奖励系统间进行转换。关于如何转换，我将在后面的章节中介绍。

我们的大脑在早期还会建立起一种基本信任感。这种基本信任感的建立在很大程度上决定了我们的生活方式。当一个人建立起了基本信任感之后，就意味着他能够愉快地接受并融入这个世界。基本信任感是在孩子一岁之前建立的。它形成于孩子和主要照顾他的人之间——无论是母亲、父亲、奶奶或者别人。许多孩子的基本信任感的建立受多个家庭成员的影响，比如母亲和父亲的共同影响。重要的是，至少会有一个充满爱意而又细腻的人担当这个角色，而这个人往往是母亲。为了语言和理解上的方便，我将在后面以母亲的角度进行论述，当然，具有同样关系的角色也可以替代我所说的母亲的位置。

出生后的婴儿仍是完全依赖母亲的。在最初的几个月里，他甚至不知道自己已经和母体分离，开始作为一个独立的生命存在。婴儿毫无保留地表达了他的需求和感受。他对生活的感受可以分为愉快和不愉快两个部分。母亲的任务就是缓解他的不愉快感，比如饥饿、口渴、寒冷、炎热以及其他的身体不适，并减少他的压力，比如婴儿哭闹则表达了他所承受的压力，母亲此时的责任就是安慰他、给他喂奶、抱着他或以其他方式照顾他。但是婴儿不仅仅希望得到来自母亲的身体上的照顾，与生俱来的，他同样具有感情交流的欲望。于是，母亲也肩负着让婴儿感受到来自人的同情和爱的任务。

在接下来的几个月中，孩子逐渐学会了控制肢体的运动：拍打和抓取，并在一岁时逐渐学会走路。随着习得的动作技能逐渐增多，孩子对自己生活环境的兴趣也与日俱增。因此母亲此时不仅要满足孩子身体上的需求，情感上的需求，也要让孩子开始探索周围的环境。最终孩子形成身体、情感上的需求，并慢慢培养起相对独立自主的人格体系。一位能够通观全局的母亲，可以很好地掌控何时放手让孩子自己去探索世界，何时需要对孩子多加注意。所以在孩子的成长经历中，他会感受到自己需要帮助时母亲会照顾他，而自己想要独立探索一些无法表达的与母亲关系之外的事物时，母亲也能放手让他去做。因此孩子就懂得了自己可以信任母亲，从而获得了这种基本信任感。这种基本信任感可以是一种特殊的身体感觉，也可以是一种孩子储存在身体中的被接受和爱的感觉。总之，这种感觉将在他的生命中作为一种长久的情感基础而存在。

　　至关重要的是，这种基本信任感影响着人与人之间不能被简单直接地表达的联系，是人际关系中的重要纽带。

　　当孩子与母亲之间的这种协作与互动能够有效进行时，在这种基本信任感的影响下，孩子在6~12个月时即可与母亲建立起一种内在的联系。儿童时期拥有良好信任感的孩子，在长大成人后会拥有良好的自信心，并且愿意从根本上相信别人。他们相信：我很好，你也是。

父亲的角色

　　绝大部分孩子（至少有几年时间）是在父母双方的陪伴下长大的，因此我有必要阐述一下父亲这个特殊角色在建立自尊心的过程中所产生的影响。比勒费尔德大学的卡琳和克劳斯·格罗斯曼夫妇对近百名有父亲相伴成长超过22年的孩子进行了研究调查，取得了很有成效的结果。

　　不仅如此，在其他的研究中人们也能清楚地看到，相对母亲而言，父亲在抚养孩子过程中所扮演的角色以及所承担的任务通常是不同的。在大多数家庭中，父亲承担了较少的照顾孩子的工作。父亲与孩子的关系主要是在陪孩子活动时建立起来的。如果说母亲的语言和行动总是充满了爱，那父亲就是个好玩伴。父亲总是鼓励孩子去尝试他没有信心和胆量去接触的新鲜的、刺激的事物。然而母亲更倾向于保护自己的孩子，让他们远离害怕的事物。甚至有时母亲出于对孩子的保护，总是放心不下父亲和孩子。有的母亲更严重，甚至不会让孩子和父亲单独在一起，因为她们认为这样太危险了。

父亲往往是鼓励孩子迎接新的挑战的人。父亲会分享他们的经验并带领孩子认识世界。父亲经常会教孩子骑自行车、游泳，和孩子一起爬树，教孩子骑小马，与他们一起在森林里探险，教会孩子实用的技能。当然，还有很多母亲不会去做的事情，比如带着孩子在新年夜里放烟花。单身母亲也会这么做，但孩子的父亲在身边时，这一般是他的工作。这减轻了母亲的负担，也使孩子的生活变得更丰富了。

父亲和孩子的关系主要是通过充满情感的游戏建立起来的。这种感情注入是指父亲能够很好地理解孩子的需求和能力，并且不会对孩子提出过分的要求。格罗斯曼夫妇的研究表明，父亲能够对孩子将来人际交往的能力以及孩子的自尊心产生显著的影响。那些在儿童时期与父亲拥有良好关系的成年人，自尊心的平均水平和对朋友或爱人信任度的平均水平也显著高于那些没有这种经历的成年人。

什么是为了孩子好

孩子的性格在一岁以前是极易改变的。在绝大多数情况下，父母在孩子一岁之内就能够很好地感知到孩子的需求，并在之后的教育中运用更好的方法。

下面是一些父母在孩子的教育中，可以促进其自尊自信的模式：

· 不论你怎样，我们都永远爱你——但是这并不意味着我们赞成你所有的行为。

· 你不要为了满足我们的期望而去刻意改变自己——我们鼓励你发掘自己的潜力，而不是按照我们的意愿去生活。

· 你不要为了逃避我们的惩罚而去强迫自己——虽然我们并不是允许你做所有的事情，但你也需要坚持一定的原则，我们希望你能拥有自己的意志，并且始终愿意与你交流，你可以说不，但不用担心我们会因此不爱你。我们不会总是听任你的意愿，但是你却有绝对的机会让我们去相信你的意愿。

成长中的孩子能够通过与父母交流，学习怎样在一个基本框架之下建立自我认同。当然这也会带来一些不足之处，但这并不代表要限制他们想要做好或者改进自己所做的事情的意愿。这些不足也不会成为他们感到羞愧的原因，反而会为他们的成长留出空间。

然而，在严厉管教甚至羞辱性的教育方式下成长起来的孩子会对自我的弱点感到十分羞愧，并且这种羞耻心在他们成年后仍然会存在。

另外，因为父母只能在有限度的范围内对孩子的愿望予以尊重，孩子很早就能从善解人意的父母那里习得人生的技能，他们总能受到父母所作所为的正向影响。对于那些愿望很少被顾及的孩子，他们的软弱无能是与其周围的人有很大关系的。因为害怕不被理睬甚至被拒绝，他们完全没有自信表达自己的愿望或需求。如果父母聆听孩子并且能够理解他们，他们会感觉到自己被重视而且被照顾到了，从而培养起自尊心。他们也会学会如何化解冲突，因为之前他们已经被父母允许去练习如何争论。同时，孩子拥有了可以拒绝的经验，就不会因此担心被父母责备或失去他们的爱。

总之，童年时期的积极影响和经历，能够为孩子健康的自尊心的培养和发展提供十分有意义的基础。

不安全的关系

如果孩子和母亲在一起时经历过诸多无常，他就不能对母亲产生安全感。这就会导致两种情况：孩子不是特别黏着母亲，就是疏远母亲，逃避与母亲的亲密接触。因此，我们也将孩子对母亲的关系分成依附型和回避型。

在不安全的关系中长大的人，不论是依附型的还是回避型的，自尊心通常都有问题。他们缺乏基本的信任和安全感，不相信自己能够影响和他人的关系。另外当他们还是孩子时，由于父母行为方式的问题，导致他们觉得自己是不被接受的，他们因此形成了一种基本的感受——他们真实的样子是不值得被爱的。这些孩子从父母那里得到的爱大多数是有条件的。好的情况是，孩子可以预料到这些条件，因此它们也是可能实现的，例如：你必须要努力学习考个好成绩回来。不好的情况是，这些条件是随着父母的心情和当天的情况而变化的，因此孩子很少能事先预料到。

而这两种情况在父母的潜意识里的意思都是这样的：如果你想让我们爱你，那你就要实现我们对你的期待！这些父母也很喜欢通过撤销爱来惩罚孩子。因此这样的孩子在长大成人以后就不能正确地对待周围人的期待。这会导致他们不是过于迎合别人的意愿，就是和他人划清界限。第一种情况的人很喜欢追求和谐的关系，希望满足所有人。而第二种情况的人对周围人的期待会非常恐惧，他们会有意无意地不满足别人的期待，因为他们绝对不能让别人支配自己。可见，这两种情况的人都没有学会用合适的方式去维护自己。

对于拒绝满足他人期待的人，如果我们想让他把花瓶放在右边，就必须得反着说："我希望你能把花瓶放在左边。"反感他人期待的人和我所说的"老虎们"是一类人。他们在大部分情况下会不自觉地产生一种强烈的欲望，想摆脱他人的影响，不受任何人的管束。哪怕是一个毫无恶意的请求，也会被他们曲解成"命令"，他们必须要拒绝。

很多对人际关系感到不安的人也会在不情愿地迎合与固执地拒绝之间摇摆。在大部分情况下，当要做出重要决定时，他们既不能毫无压力地说好，也不能毫无压力地说不好。

妈妈今天心情怎么样——依附型关系

在依附型关系中长大的人经历了母亲很多变化无常的情绪。母亲的行为举止取决于她当时的心情。这使得孩子觉得母亲是不可信赖的，也是不可预料的。母亲有时候是温柔体贴的，有时候有是冷漠疏远或愤怒的。孩子很难判断母亲什么时候会生气，什么时候会喜悦。她选择做什么都是心情使然。

所以孩子需要猜测母亲的心情，感知母亲对他的期待、母亲需要什么，这样的话，母亲就会变得温柔，或者孩子至少不用受到惩罚。他们会非常准确地觉察母亲心情的变化，然后把自己的期望放在次要位置上。与安全型的孩子不同，这类孩子很少对周围的事物产生兴趣，他们不敢靠近它们，因为他们没有从母亲那里获得信赖的根基，自然也无法离开母亲自由活动。他们觉得最好待在母亲跟前，时刻关注母亲情绪的变化。这类孩子独立性会比较弱，而依赖感很强。

这类孩子自尊心也会很低，因为他们觉得母亲的情绪不稳定是自己导致的。在父母对自己不好的时候，他们喜欢将错误归结到自己身上，因为在他们看来，大人看问题的视角更"全面"，他们是不会犯错的。依附型的孩子觉得自己要对母亲的心情负责任，深信自己不够好。他们把母亲非常矛盾的行为看作对自己的否定。他们会把母亲捧得高高在上——母亲是神圣不可侵犯的。有时候母亲或父母双方会在孩子面前强化这种崇敬，比如：提示孩子父母是不会犯错的；孩子还有很多要学的东西。这样，孩子就在内心形成了一个固定范式——我不好，但是你很好。

当孩子成人以后，这个范式会继续运行。这些人后来也会一直努力地争取别人的认可。他们长期接收身边人没有明说的期待，顺从地提前满足他人。被拒绝或被抛弃对他们来说简直就是灾难，而且这会让他们更确定自己深入骨髓的信条——他们还不够好。这里要说明一点，在安全型关系中长大的人当然也摆脱不了自我怀疑。遭遇失败之后，他们也会思考自己是不是没有达到周围人的要求，他们的自尊心当然也可能受到伤害。而区别在于自我怀疑和自尊心受损的大小和强烈程度。

妈妈太冷漠了——回避型关系

对于回避型的人来说，依恋关系让他们得到的不是信任而是绝望。比起依附型的人，他们更愿意离母亲远一点。这也让他们在成年以后很难接受亲密的关系。

就算没有尖酸刻薄地羞辱虐待他们，他们的母亲也是很冷漠、很封闭的。他们在童年早期有过很多被拒绝的经历。当他们还是个婴儿或小孩时，他们觉得自己是不被这个世界欢迎的，而这种感觉也影响了他们以后的人生。因此他们对被拒绝产生了极大的恐惧。他们不仅自尊心很低，而且对人际关系非常不信任。他们内心的逻辑是这样的：我不好，但是你也不好！他

们的内心似乎很向往建立关系并与人亲密，他们深深地渴望被
接受。但他们深信自己或早或晚都会被拒绝，所以不敢真正接
受互相完全信任的关系。他们的内心充满了猜忌。尤其在恋爱
关系中，他们会不停地产生"亲近－回避"的矛盾：内心来回
摇摆，在希望有一个美满的结局和坚信自己得不到幸福之间痛
苦地纠结。他们既不能和伴侣好好相处，也不能一个人生活。

　　这类人自尊心非常不稳定，而且也很容易受伤。

妈妈我压得喘不过气

　　母亲过分娇惯孩子，让孩子过于依附自己，也会削弱孩子
的自尊心。母亲的溺爱使得孩子缺乏独立性。母亲害怕孩子会
疏远自己，母亲需要满足自己对亲密关系的需求。在母亲看来，
孩子追求独立和个人生活是对她的否定。当孩子远离她时，她
会伤心和失望。这又会导致孩子产生强烈的罪恶感，"自愿"回
到母亲身边。母亲也会通过直接提出要求以及下禁令的方式来
逼迫孩子花额外的时间和自己相处，当然有时候也会软硬兼施。
长此以往，孩子就会觉得自己不能疏远母亲，不然她就会失望
或者生气。孩子对独立自主，对不受约束的自我，对不依赖母
亲而存活的需求也因此被严重地阻挠。这就会导致孩子在感知

和表达个人需求方面非常弱。他不能违背母亲的意愿，压抑自己的意愿，无法表达自己的内心，最终孩子会没有什么自信。

妈妈你不懂我

但是也有一些孩子在面对父母的期待和情感绑架时既不主动迎合，也不和父母保持距离，他们会非常叛逆。他们反抗父母，希望尽可能早地从家里搬出去。或者因为母亲太强势，他们也会被迫顺从，但是出了家门他们就极度叛逆和反抗。孩子是更趋向于主动迎合还是反抗，不仅要看孩子的性格，还要看家庭状况。由母亲单独抚养大的孩子至少在小的时候是不能反抗母亲的，因为失去了母亲，他身边就没有任何人了。所以在单亲家庭中长大的独生子女比正常家庭和兄弟姐妹一起长大的孩子依赖性更强。孩子多的家庭里也常常有一个更讨喜、更听话的孩子，其他的孩子则扮演叛逆的角色，孩子们在家庭中会不自觉地将角色区分开。

通过反抗来保护自己的孩子后来会变成"老虎们"。他们总是带着怀疑的眼光来看周围的人，而且态度坚决，有时候还会带有攻击性。他们总是用自己不喜欢的方式对待别人。"老虎们"身上最大的问题在于，自卑感（他们自己不一定承认）让他们觉得别人更强势，他们会觉得别人在支配他们，或者对他们有什么不好的意图。自尊心低的人也会在群体中感到自卑，他们也很容易错误地认为别人更强势，由于喜欢和谐，所以他们不像"老虎们"那样有攻击性，也不会像"老虎们"那样多疑和不信任他人。他们甚至更愿意排除矛盾，使矛盾没有伤害性，这样就不会引发辩论和争吵。而"老虎们"正相反，他们喜欢制造辩论和争吵。

妈妈失望了

当孩子没有达到母亲的期待时，母亲会表现出失望，这是一种很可能导致自尊心问题的教育方式。母亲暗示孩子，他的行为举止让她感到伤心。对孩子来说，这往往比母亲生气更严重，因为伤心的母亲会唤起孩子的负罪感。对孩子来说，负罪感是难以忍受的，严重时就好像时不时被"暴揍"了一顿一样。而且如果母亲生气了，孩子也可以生母亲的气，可以为此而疏远她。但是伴随着负罪感长大的孩子很难疏远母亲，他觉得自己要对母亲的快乐负责。

另外，这样的孩子跟母亲的关系绑得更紧，因为他们觉得母亲是很脆弱的，会更心疼母亲。这些孩子也对人与人之间的关系形成了刻板印象，他们极度在意周围的人情绪好不好。他们成人以后也会一直请求别人的原谅，也很容易为自己的行为感到羞愧。这样的人自尊心很低，因为他们在童年时期经常收到反馈说他们让人失望了，或者换句话说：他们还不够好。

妈妈很害怕

也有一些非常温柔大方的父母，因为自己做出了不好的榜样，而让孩子也感到十分没有信心。比如，有的母亲自己在生活中就过得非常谨小慎微，孩子也会不自觉地吸收母亲的恐惧感，因为母亲无意中给他树立了一个糟糕的榜样——孩子看到母亲很胆怯，他就会在人际交往中表现得很内向。另外，这样的母亲可能会为了不让孩子经历失望而警告他不要轻易相信别人，建议他小心谨慎地待人处事。母亲过分的恐惧感也因此转移到了孩子身上。当你思考自己自尊心低的原因时，请想一想抚养你长大的最亲密的人给你做出了怎样的榜样。

妈妈认为我永远是最棒的

就像过少的赞美和关注使孩子感到深深的不安一样，父母太多的赞赏也会导致孩子的自尊心脆弱。父母刻意培养孩子的自信心，总是夸孩子或者表扬孩子相对不太好的成绩，也同样会使孩子感到深深的不安。这样教育出来的孩子很容易把自己看得太重要，因为他们习惯了接受很多的关注和肯定。这可能会导致他们很难适应家庭以外的环境。在其他环境中孩子会面临别的标准，他们会感到父母对他们的表扬过分夸张了。他们会感到不安，不知道该如何确定自己的方向，不知道现在到底什么是好、什么是不好。这样长大的孩子，自尊心常常在过高的自我评价和过低的自我评价之间摇摆。

我是最厉害的——自负的人

有些人为了将自我怀疑扼杀在摇篮中，在童年时期就不自觉地想好了一个策略：追求最佳成绩。他们在无意中培养了自己的"大我"，"大我"的任务是将"小我"压抑下去。"小我"是他们的低自尊心。为了尽可能地不让自己感受到低自尊心，"大我"不得不追求完美。"大我"必须向"小我"证明自己确实是有价值的。所以自负的人是表里不一的：他们内心觉得自己渺小，没有价值。他们的"大我"在竭尽所能地反抗，所以大多数自负的人完全感受不到自己的不安。

　　为了避免自己和"小我"建立联系，自负的人努力地想成为特别的人。平凡是他们所厌恶的。为了追求卓越的"大我"，他们想出了两个办法：一方面，这类人会不知疲倦地让自己的能力和外表卓尔出群；另一方面，他们会贬低其他人。自负的人就像抵抗自己的缺点一样抵抗别人的缺点。自负的人既不能忍受自己的缺点，也不能忍受周围人的缺点——更别提他们的伴侣了。他们将内心深处对自己的贬低转移到了其他人身上，尤其是那些亲近的人身上。比如，自负的人会通过贬低伴侣来提升自己。伴侣要满足他们对自我形象的要求，因此伴侣绝不能因任何事情指责他们。伴侣的缺点最后会让他们想起自己的缺点，而这些缺点让他们感到愤怒。

　　自负的人不仅拿放大镜看自己的缺点，也放大了伴侣的缺点。当他们陷入这种感知当中时，他们很容易失去分寸。因为自负的人将伴侣（或身边的其他人）的缺点放大到了极致，他们会在心里强烈地指责伴侣的缺点，对方也会感受到自负的攻击性所带来的压力。从心理学上看，这样的攻击性来自自负的人内心深处对自己的轻蔑态度。他们尽可能地将自我攻击从意识中排挤出去，并把攻击的方向转向身边的人。非常自负的人在怒火中烧的时候会毫无分寸地伤害身边的人。对方所受到的伤害，从本质上说，正是自负的人内心深处害怕自己受到的伤害。他们不自觉地让对方承受了自己不想承受的痛苦。

自负的人对周围人的轻蔑态度还有另一个意图，那就是他们要借此提高自己的价值。自负的人极其追求比其他人更优越。因此他们不仅仅满足于被认可，他们也渴望被赞美。说到底，他们是害怕"小我"对自己毁灭性的批评，所以他们无意识地把所有精力都集中在了控制"小我"上。出于战略原因，他们必须要感到自己比其他人更优越。只有在优越感中，自负的人才能真正感到安全。这里也能看到和追求完美的紧密联系：完美能带来优越感。

自负的人压制自己也压制他人：必须压制"小我"和其他人，不能让他们变得太强大。其他人的能力对他们来说是威胁，尤其当这些能力涉及自己的领域。自负的人总是不停地和别人比较，也承受着很多的竞争压力。

自负的人非常不受人待见，要想和他们和睦相处是件很困难的事情。如果自负的人是伴侣或上司，简直能让人不堪忍受，他们总是展示自己的长处和优势，同时要让其他人觉得自己有多渺小卑微。只有反复地提醒自己，这个万能的假面背后其实隐藏着一个自卑不安的小孩，我们才能理解那些自负的人，甚至会对他们产生同情。在和他们相处时，要时刻记住这背后的相互关系，并且开启我们自己的"防碰撞"模式。

当自负的人"大我"失去作用时，他们会陷入困境。自负的人在遇到失败或严重挫折的时候，"大我"会随之崩溃，被束缚的"小我"终于可以开口说话："你是个失败者！我一直都知道。哈哈，现在你一蹶不振了吧，你这个可怜虫！早知道就别把牛皮吹得那么大，你这个牛皮大王！我一直都在说你做不到。你就是个废物，而且永远都是个废物……"自负的人开始绝望。彻底失败的恐惧感充斥着他的内心，平时谨慎排挤的"小我"开始膨胀。为了重新振奋起来，自负的人会再次使用久经考验的策略：让"大我"重新振作起来，争取新的成就，来驱散所经历的挫败感。

留心的读者们可能会发觉，我们所有人心里都住着一个小小的自负者。谁不会因肯定和成就而感到开心呢？谁在面对失败的时候不沮丧？谁在没有完全死心的情况下不试着用成功去弥补过错？当伴侣行为不当或穿得不修边幅时，谁不会感到一丝羞愧呢？谁不想努力遏制住自我怀疑？谁从来没做过白日梦，幻想自己才貌双全？自负其实只是内心感到不安的人最大程度的自我褒扬。我们所有人都会或多或少地利用自负来维持自尊心的平衡。

极度自负的人不受欢迎的原因是他们喜欢贬低身边人。中度或轻微自负的人虽然也很喜欢贬低周围的人，但是一般来说，得到足够的成就和肯定他们就满足了。他们贬低别人时不像极度自负的人那么彻底和赤裸裸。另外，轻微自负的人也不想一直向别人表露他轻蔑的态度，这也让周围人感觉不那么难受。

自负的人的问题在于他们过多地关注自己的幻想，而不是他们到底是什么样的人，以及他们想要什么。他们非常在意自己对外的形象，因为他们觉得成功取决于别人怎么看他们。

极度自负的人一旦心理防御崩溃了，很有可能自杀。由于好胜心强，他们在生活中往往很有成就感。我们在报纸上看到某些自杀的人，比如深陷丑闻的经济大亨或者接受不了自己衰老的女演员，常常是因为自负而自杀。失败会深深地伤害自负者的根基，这也是符合逻辑的。

严格地说，低自尊心的人都有自负的倾向，原因是他们恐惧自己，慢慢地，他们试着用自负的策略来遏制恐惧感。就像我说过的，大部分人都想努力提高自己的外在形象，不愿意暴露错误和缺点。他们一直担心自己，并且因此竭尽全力保护自己。

爸爸妈妈，我特别需要你们

孩子需要依赖父母而生存。出生的第一年里，父母决定着孩子的生死。父母掌握着一切权力，孩子完全依附于父母。无论四岁还是十岁的孩子，都很需要父母保护。对于孩子来说，和父母之间的联系是活下来的重要因素，但是恰恰孩子意识不到这一点。如果连我的父母都不对我好，不保护我，还能有谁会对我好？那我在这个世界上就是孤零零的一个人。

孩子在心理上认定了父母是好的，是正确的，尤其是在没有人能填补他对亲密情感的需求时，所以孩子们倾向于把糟糕的父母理想化，把父母的不好归咎到自己身上。这种理想化意味着他们内心需要情感联系才能活下来，也就是亲子关系。孩子一旦感觉到父母强加在自己身上的不公平，就会对父母感到十分愤怒。这种愤怒会让孩子拂袖而去，远离父母，断绝亲子关系。这会让孩子活在想象中，内心陷入深渊，心中充满对生存的恐惧以及沉重的负罪感。为了存活下去，孩子需要建立关系。所以他们把愤怒指向自己或者其他孩子，很少责怪父母，或者完全不责怪父母。

我已经提到过，被父母伤害或贬低得很深的人经常会有厌恶自我的情绪，他们的自我中常常会有父母贬低因素的存在。要想抛弃这种想法，他们必须认识到是父母把错误强加在他们身上的。然而这种认识会导致他们背离自己的父母。他们还是更愿意厌恶自己，来维系和父母之间的关系。他们认为父母是对的，把过错算在自己身上——虽然父亲把我暴揍了一顿，但是说到底很多时候都是我活该。建立亲子关系的代价是非常大的：他们为了避免把对自己的愤怒指向父母，自我厌恶和由此产生的自我毁灭将伴随其终生。

另外，只有极少数的父母是十分差劲的。无论如何，是他们把我抚养大的，我还是应该非常感谢他们。他们对我非常严厉，也是想让我做到最好！如果这样想，孩子就会更难承认父母确实做过不好的事情。

因为坚定地希望一切都能变好，所以这类人常常难以离开父母——他们不知疲倦地想赢得父母的认可和爱。在我接待的来访者中有位60岁的经理，他一直还期待着能从85岁的母亲那里得到一句肯定。

当亲子关系遭遇挫败的时候，对父母的扭曲认知会让孩子十分恼火。如果只是和父母其中一方的关系不好，孩子会和另一方建立更亲密的关系。这能给孩子带来一定的安全感，因为他至少能在心里允许自己否定不好的那一方。比如这个孩子觉得母亲温柔慈爱，而父亲非常暴戾，那他就可以通过母亲这个可靠的基础在心里疏远父亲。单亲家庭长大的孩子则没有这种选择的可能性，除非他还有其他抚养人。

有时候，自尊心受到自我毁灭性伤害的人也会出于报复动机将自己和父母捆绑在一起（即使父母已经去世了）。他们不自觉地把愤怒发泄在了父母身上，通过一生来证明父母的失败。他们把生活变得不幸和失败，无意识地想让父母付出代价。他们借此来说明父母教育的失败。父母没有任何为自己的教育方式辩解的机会，因为孩子非常失败。这样长大的人会非常厌恶自我，会自我封闭、自我惩罚。

童年经历的影响

在和来访者谈话时，我总能感受到很多人难以相信童年经历真的能给自己以后的生活带来如此深远的影响。他们想把童年锁上，不让父母为他们的问题负责任。他们经常这样说："我现在已经是成年人了，我可以自己做决定！"虽然这是完全正确的，但是我们的童年经历还是会深深影响我们做怎样的决定，影响我们的思维和感受。童年经历的影响力之所以这么大，是因为它们是我们大脑发育过程中获得的早期学习经历，这些经历深深烙印在我们的智力结构中。有科学研究表明，如果有一位不太敏感的母亲，婴儿所发放的镜像神经元就会比敏感的母亲养育的婴儿少。镜像神经元对我们体会他人的能力起着决定性的作用。一个人拥有的镜像神经元越多，他的行为举止就越敏感。相反，发放的镜像神经元相对较少的人，则很难去体会他人的感受，也很难正确地对别人做出评估。这种天生对感情移入能力缺乏的人在以后的生活中只能靠理解力来平衡。也就是说，这类人必须清楚地理解自己的处境，以此来抵消自己缺乏感情移入能力的问题。早期的学习经历烙印在我们的脑海中，因此它们是我们心理上的硬件和软件。

父母自己也不轻松

我很想说的一点是，"有问题的"父母其实自己也是在有问题的环境中长大的。很少有父母恶意地去犯错，原因都只是无知和能力不足。如果想更好地理解自己童年的烙印，看清父母的角色是很重要的。但是我认为关注父母的童年烙印也是非常重要的，这样我们就能稍微体谅一下他们的缺点。在这里我想提一下，我之所以认为自我反省很重要，也就是认识到自己的优缺点很重要，是因为我深信自我反省是引导我们正确行事的重要一步。只有真诚地分析自己，我才能学会理解自己，最后我才能理解别人——包括父母的行为方式。

传记式的自信

除了教育方式，我们的成长环境和生活方式也深深影响着我们的自信心。我把这种影响称作"传记式自信"，它常常构成自尊心特殊的一部分。比如一个出生在手工艺家庭的人，他通常相信自己也有做手工艺品的天赋——他将手工艺和他的家庭融为一体了。如果他的家庭里没有人考过大学，而他去上了高中，这就会难一点了。比起那些父母受过高等教育的同学，他对自己智商的怀疑要更多一些。

如果只是一个亲戚显示出了某方面的能力或者以某种生活方式生活，也足够给人带来"传记式的自信"。比如有些人在成长过程中没有遵循父母的足迹，而是在舅舅或者姑妈那里找认同感。

通常情况下，对原生家庭产生的认同感，大多时候对我们的自我评价有很大的影响。它影响着我们认为自己有什么样的能力。当我们分析自尊心的时候要认清这种影响。我们越信任自己，学习能力就越强，如果一个人的家庭里没有任何人表现出音乐方面的天赋，那么他想学一门乐器确实会困难一些——因为他缺少榜样来提高自信心。而且，如果父母没有这种能力，他们也往往不会要求孩子拥有这种能力。有的人根本想不到自己可能拥有某些能力，比如艺术天赋，还有些人会这样想：我从哪儿能遗传来这种天赋啊？

想积极进步的人，如果这种进步显得比原生家庭强很多，那么在通常情况下，他需要经历足够多的成就才能相信自己的能力。

低自尊的其他影响和原因

你们现在可能也想问，是不是童年时期的所有影响都来自父母的教育方式，在自尊心的建立方面有没有家庭以外的原因。当然有，比如说遗传基因，周围人和老师的影响，成长的环境，等等。但是父母的影响占很大一部分。例如，比起不太体谅人的父母，好的原生家庭会在孩子受到同学愚弄时给出更好的建议。愚弄带来的消极影响，不仅有父母的原因，也有同学的原因。但是如果父母能够充分体谅孩子的话，可以在一定程度上降低孩子受到的伤害。

反过来说，其他成长方面的影响能在积极意义上抵消父母教育方式的不足。比如，有很多人童年时不是从父母而是从祖母那里获得温暖，祖母慈爱的关照是能力不足的母亲提供不了的；同龄人的赞许，老师或其他相关的人也能带来很多积极的影响。这种情况和孩子的天性有关，性格外向的孩子显然更有优势，因为相比内向的孩子，他们会更主动地寻求帮助，他们心里有什么就说什么，也就是说，他们会找到一个信任的人来倾诉自己在家庭中遇到的问题。内向的孩子则更倾向于把问题埋在心中。但是比起钻牛角尖和沉默，倾诉和主动寻求帮助都是摆脱问题的好方法。

总的来说，慈爱体贴的父母就像一件能终生保护一个人的披风，而恶劣的亲子关系却会给人带来终生的负担。

当然了，成年后的经历也会强烈动摇一个人的自尊心。一些极端的痛苦，比如一场九死一生的工伤能极大地伤害一个人的自尊心——有研究证明，受伤后会导致创伤后压力症候群。创伤后压力症候群是经历严重创伤后长期持续的心理反应，主要症状是感到恐惧、情绪抑郁和极度敏感。成年后发生的创伤经历也经常会给人的自尊心带来非常消极的影响：当事人的内心是极易受到伤害的。另外，创伤经历也会深深动摇一个人对世界的信任。

内在小孩

我们的童年经历和天生的特质，决定了性格是由我们的

"内在小孩"说了算的。当我说到内在小孩时，说的是心理学中常用的比喻。你们最好将它想象成一个真实的小孩，也可以说它是一个人的心理年龄。认真感受自己的内心，大部分人都可以将他们的个性划入某个年龄段，如果它对自己足够坦诚的话，这个年龄大概在三岁到六岁之间。比如我的内在小孩就是四岁。

　　内在小孩就像是一种自我感受，一种生存的基本感受，我们跟着它的频率、我们的振幅上下摆动。比如我的内在小孩是很愉快的，有着超强的紧迫感，并且非常爱交际。不幸的是，只有在某个具体的时机下我的内在小孩才会这样。它信任自己，也信任他人。而且它不是很喜欢独处，也害怕自己或爱的人去世。充斥我内心的积极乐观的心境来自我愉快的童年和天生的禀性，可以说基因决定了我是个外向的人，同时它们也共同决定了我的乐于交际、敢于冒险、我的紧迫感和好心情。幸福的童年生活帮助我建立了自信的交际方式，基本上我的内在小孩是这么想的：我很不错，你也很不错。

　　一个人的童年如果过得很艰难，那么他可能就会产生基因因素之外的纠结和胆怯，内在小孩也会在这个世界上感受到不安，因为它一直被否定。内在小孩压抑着他的内心，让他很容易受到伤害。他迟迟不能接近其他人，也不敢自我维护。这样，成年的我们和内在小孩会不断陷入这样的处境：渺小，无足轻重，被拒绝。

认识我们的内在小孩是非常重要的，要把它和内在成人的部分区分开。怎样做到这一点，我会在下面介绍。

第三部分

我想跳出这堵墙

在心理治疗中，我们会和来访者一起重新认识他的个人设定，然后再和他一起消除这个设定中的缺点，或者至少是减少。通常情况下，这种修正可以通过好几种方法来完成：改变自我认知和对外界的认知，然后改变感受、思考方式，并且由此来做出新的决定。这个学习过程从自我认知开始。在接下来的章节中，你们会更多地了解自我，并且有机会改变自我认知。我还会提供附加的小练习。如果愿意花时间认真对待，一段时间以后你们就能感受到变化了。这种变化不仅包括自我认知的改变，对周围人以及人际关系的认知都能在接下来的阅读中得到改变。改变对自我和对外界的认知，并开拓新的感受和思维方式，最后做出新的决定。我们的认知，我们的感受，我们的思维，和我们的行为是相互制约的。我们把自己内在的这些相互联系看得越清楚，就越容易改变它们，然后得到更强大的自尊心。

下面几页我想给你们提供具体的帮助，来提高自尊心。我会从四个不同的层面着手，分别是：认识自我；接受自我；增强执行能力；更好地处理情绪。

第一个层面是认识自我。在这里，我会教你们怎样和自己建立友好关系，或者怎样才能在自己身上找到家的感觉。

第二个层面是沟通。在这里，我会帮助你们用更得体的语言来和其他人说话。同时我也会指出沟通中可能出现的盲点，让你们对某些复杂的人际关系有更敏锐的嗅觉。

第三个层面是关于行动的。我会在这里帮助你们把生活变得更积极，自己承担更多的责任。

第四个层面说的是感受。我会在这里介绍怎样更好地理解和调整你们的情绪。

同时，我也会提及身体，比如呼吸、身姿体态或者身体对情绪变化的感知。一方面，心理与身体之间的联系是非常紧密的。比如当我们受到严重惊吓时，思维也会受到很大的影响——我们心里会想："现在完全不行了！"另一方面身体会比思维先有强烈的反应，而思维又会把我们带入不同的身体状态中。比如我们会想："我老板会直接把我骂得狗血淋头！"然后我们的心跳就突然开始加速。

如果一个人长期活在压力之下，那么他的精神和身体都会失去平衡，同时大脑也不能正常运转。研究表明，长期生活在压力中的人容易分泌压力荷尔蒙，比如皮质醇。通常情况下，压力荷尔蒙会帮助我们更好地完成挑战，使身体短期内处在活跃的状态中。长期的压力会让人一直很紧张，当他需要压力荷尔蒙时，"紧急开关"却不能做出正确的反应，因为他的身体几乎一直都是活跃的。长期精神紧张会让一个人比其他人的抗压能力更弱。因为压力荷尔蒙不断地被分泌，让人觉得几乎所有的事情都是压力——形成一种恶性循环，身体持续处于紧张的状态。他会被高度激活，烦躁不安，平静不下来，会感到自己一直被驱使着去做事情。这种状态可能会让他精疲力竭，最后什么都做不了。感觉、思维和身体反应的相互影响和共同作用紧密交织在一起。很多心理学研究已经证实，心理变化可以通过改变生理来实现。比如，通过有意识地控制呼吸就能让我们学会让自己平静下来。

很有必要去了解身体、精神、反应的相互联系，身体比智力的反应要慢很多。比如压力荷尔蒙，如果压力一直很大的人决定要让生活变得更平静，学着放松，在生理上他可能需要大概六周的时间才能适应：有东西发生了改变。了解了这些对改变的过程有帮助，因为我们的身体有时也会捉弄我们。我的一个受恐惧症困扰的来访者就学会了很好地控制它。不过像心率过快这样的生理反应却需要更长的时间。这时你可以用这样的想法来安慰自己：还需要更多的时间去理解我的身体，恐惧已经不存在了。借此中断生理反应的恶性循环，心跳一加速，你接着就想："我害怕了。"

如果你正在走向改变之路，多些耐心、理解和同情心也是很重要的。就像我已经提到过的，自我价值是心理的震中地带。它们埋在很深的地方，像每天念三遍"棒棒哒，棒棒哒"这种简单粗暴的方法是改变不了什么的。自我改变是个需要毅力的过程。但是增强自我是你可以做到的，而且值得去做！

第七章

自我接受

开始时我已经说到过，高自尊和低自尊的人最主要的区别是，前者接受自己的弱点，而后者在追逐一个无法实现的愿景。他们将现实中的自己和理想中的自己作比较，然后觉得自己很糟糕，因为自己没有实现应该达到的目标。很多不自信的人认为必须要变得更好看、更聪明、更能对答如流，而且要在很多方面都很在行才算优秀。可大部分人是做不到的——或者至少不能完全做到。比变得更漂亮、更有能力，更重要的是接受自我，确切地说是接受自己的问题和缺点。通常情况下不自信的人无法接受自己不自信。在我的心理治疗谈话中，我经常强调接受自己没信心是自我治愈很重要的一步。

接受你们的不自信

　　给你们的忠告是：接受你们的不自信！告诉自己："对，就是这样！"请停止反抗自己。要学会允许自己不自信。不自信并不是什么糟糕的事情。不自信的举止也有一定的魅力。也许内在小孩在你们的童年时期积攒了很多挫败的经历，导致了今天的不自信。请你们理解自己。

不自信没那么糟糕，糟糕的是欺骗自己，并且有意无意地伤害自己和他人。最糟糕的是用错误的方式和不自信做斗争，比如通过贬低别人来让自己感觉好受一点，或者因为非常害怕犯错误而无所事事。

就像我一直在说的，人在生理上也能感受到情绪，尽管你大多时候意识不到。这种生理上的感知非常有影响力。它们控制着我们，决定着我们的内在状态。大部分读者对此可能有很深的感受：不自信时，我们的身体也能感受到。几个典型的症状是出汗、心跳加速、手发抖，这暗示着你自己正处在恐惧当中。

在这里可以做一个小练习：闭上双眼，将注意力集中在身体的中间部位，也就是胸口和腹部。感受自己的呼吸——不要刻意调整它们。呼吸有多重，它们在哪里停顿了？接下来感受不自信。可以幻想一个具体的情境，你们的身体会有什么感觉？可以用下面几句话描述：肠胃像蚂蚁一样蠕动；胸口很闷；我的心咚咚跳；一切都紧绷在一起，或者有类似的感觉。这样持续一段时间，然后在心里对自己说：对，就是这样。这也是我的一部分。深吸一口气然后呼出去，你会感觉很放松，对自己说："对，就是这样！"

很多和我一起做这个练习的来访者在集中注意力关注内心时，会产生新的自我怀疑，比如："这我做不到""我就是还不够好""我没什么价值"等等。然后我会请来访者用这样的话友好地回应内心的声音："对啊，这就是你对自己的看法。这就是你的不自信之处。这是让你对自己产生错误评价的不自信。这是你的不自信之处。它们就是这么说话的，是这样感觉的。"

你们不用一字不差地说这些话，重要的是理解其中的原理：在内心中和你的不自信进行交流，接受它们。

在日常生活中，可以以"哪种做法是有意义的"和"怎样做是合适的"来衡量自己的行为，而不是怎样才不会让自己受伤害。问题的关键是，要把你们的目光从自己身上转移到客观事实和身边的人身上。这是一方面。另一方面，你们要对自己坦诚。这会涉及你们的缺点和优点。有嫉妒心不是什么坏事——每个人都有。我也有。可怕的是你自己不承认这种嫉妒心，并且无意识地放任其滋长，然后又有意无意地伤害到别人。因此，要学会关注你们自己，你们的思维和感受。要学会思考怎样正确对待客观事实和他人。用对更高层面的关注来取代自我保护能让人自由很多，并且会以健康的方式增强你的自尊心。在下面，我将在此基础上做更具体的阐述。首先你们要清楚前进的方向。

恐惧的时候深呼吸

西方文化会把身体和心理区分开，其研究认为心理状态会通过身体来表达，比如老板的邀请会引起你的胃疼。而在其他一些文化中，人们不区分生理和心理不适。我的一位库尔德来访者说当她失恋的时候，她的心脏火辣辣地疼。新的研究确实证明了，不管是生理还是心理上的疼痛，都能激活大脑的疼痛中心。所以大脑其实并不能真正区分生理和心理的疼痛。根据日常经验我们知道，身体感到不舒服时心理上也可能有很强的不适——谁牙疼得要命的时候想跳舞？

有些感觉能互相排除。就像不能同时感到害怕和放松一样：两者不能并存。

恐惧时脖子上的神经会拉紧，会导致紧张性头痛。如果脖子是放松的，就不会形成紧张性头痛。因此我们可以通过身体练习直接影响心理健康。大量运动之后精疲力竭却心情愉悦，谁没有过这种惬意的感觉？通过身体的练习给心理带来积极的影响有很多种办法，最有效的就是呼吸训练。

一位有恐慌症的来访者曾对我说："在正确的呼吸技巧和心理治疗的积极推动下，我的恐慌症消失了。"发生了什么？每当她感到恐惧的时候，她会进行浅短的呼吸，气息只到胸口以上。

这其实是身体的一个机智反应，因为浅短的呼吸可以让我们不那么强烈地难受。因此我建议你们去看牙医，做牙根治疗的时候不要深呼吸。要是非常恐惧的话，我们就不仅会浅短地呼吸，还会很急促。当我们急促喘息的时候，耗氧量会变少。血液开始沸腾，手指开始发麻，整个人会变得完全昏沉。而这种感觉会增加恐惧，再次激起恐慌症。急促的呼吸给大脑传递"危险已临近"的信号，这会激活所谓的交感神经系统，我们就完全平静不下来了。在这种情况下人的呼吸会失控，脉搏加快跳动，呼吸会受阻，人会出现典型的恐慌感：一切都完了！然后四肢僵硬。

这位来访者在心理治疗中学会了用腹部呼吸。这很简单，你们也可以自己练习：把双手放在肚子上。吸气的时候腹部向前扩张，呼气的时候往回收。这样呼吸对身体很有益处。主要的好处有：身体放松、腹部器官供血更流畅、颈部肌肉放松。这会让大脑释放一种递质，激活所谓的副交感神经系统。副交感神经系统负责睡眠、再生、消化和恢复。我在前面说过，有些感觉不能同时出现，比如放松和恐惧。正确的呼吸会缓解紧张状态，让人放松。这是神经递质和荷尔蒙在我们大脑中共同作用的结果。

我的来访者表示："对我来说，能够控制呼吸就是掌控生活。"

重要的是带着愉快的心情去做练习，有规律地复习。不论是在地铁上还是坐在餐桌前：吸气的时候腹部鼓起，呼气的时候腹部收紧，这就够了。

不羞愧地活着

在这里，我要说一种恶性循环，因为自己有某种问题而感到羞耻，可能就会导致这种恶性循环。心理问题其实分为两个部分。首先是类似于这样的问题："我害怕在陌生的人群中走动。"只是设想自己有这个问题就已经相当痛苦了，但是大部分人会把它弄得更严重，他们因为自己有这样的问题而感到羞愧并且贬低自己。这也是所说的问题的第二个部分。跟来访者谈话时我经常强调，第二部分常常比根本问题更让人痛苦。我甚至想说得更远一点，很多时候对一件事情的羞耻心就是根本问题。羞耻心常常阻碍了问题的解决，因为如果想解决问题，一个人必须先面对问题。一个恶性循环就这样形成了。

诺贝特是一个35岁的男人，对女人有恐惧感。这造成了他的自卑情结。他深信自己满足不了任何女人。一旦他想靠近哪个女人，他的内心就开始恐慌，然后他又转身离开。他从没和哪个女人发生过性关系。他也不想找妓女，因为在她们面前，他同样为自己的问题感到羞耻。他也完全不敢向朋友们吐露自己的问题。因此他独自保守着秘密，忍受着没有任何人分担困难的痛苦。诺贝特被困在恶性循环里。羞耻感阻碍了问题的解决。要想解决问题，他必须面对问题。这是他走近女人的前提。他必须有勇气去展示自己的恐惧感。

正视问题，在很多时候就是治愈的全部过程。问题可以随风而逝，只要我接受了它。比如说，如果我正视自己容易脸红的问题，可能我就不会再脸红了，因为我不会再因此感到尴尬了。很多与不自信捆绑在一起的问题都是这样。所以我急切地建议你们像这样接受自己的不自信。

要想正视问题，就必须改变对这些问题的态度。意思是要友好地对待自己的问题。很重要的一步就是前面已经说过的练习，在身体的中间部位感受这个问题，然后对自己说："对，就是这样！"

一个人如果愿意体谅自己和他人身上的问题，那么他就很容易理解问题是怎样产生的。比如，如果诺贝特解释了他从小是在非常严厉和很受限制的教育下长大的，导致他在童年和青少年时期就感到自己不够好，那么他就能更容易理解自己的自卑情结，并且以更多的宽容和理解去对待它。

接受自我的核心是善意地对待不完美的自己。想一想，有没有哪些人、动物或物品深受你们的喜爱，尽管他们不完美，或者正因为他们是不完美的。然后尝试把这种想法和感受转移到自己身上。

接受缺点，看到优点

我在不自信的人身上总能看到的一点是：他们高估了自己的缺点，低估了优点。他们的自我认知是扭曲的。一位很不自信的来访者几乎把问题都集中在她不怎么光洁的面部皮肤上。她在青春期时长过很严重的粉刺，那时候她几乎不敢踏出家门半步。成年后她的皮肤已经明显好很多，但是她的内心还一直和当年一样——自己是当年那个脸上长了很多痘痘的十四岁女孩。其实她还有很多优点，比如说她身材很好。而她的优点，不管是外表上的还是其他能力方面的长处，她几乎全都认识不到，她贬低自己，比如她把自己的身材描述成"只是瘦巴巴的"（在我眼里和可能很多女人眼里，最贴切的形容应该是"顶级模特身材"）。她的眼光只局限在她真实的或幻想中的缺点上。这种片面的、扭曲的认知在不自信的人身上是很典型的。

　　我带这位来访者做了训练：让她正确评估自己的缺点。她之前对自己皮肤的评价差得过分了；我训练她接受自己没有桃腮杏脸，学会和这些缺点一起生活。在这里，她可以将自己的遭遇和别人的遭遇作比较。比起皮肤不光洁，还有严重得多的遭遇；我还训练她去认识自己的优点，并且将这些优点加到她的自我形象中去。

　　这些方法的目标是形成一个完整的、合适的自我形象，并将其植入心中。要带着缺点一起生活，而不是为了对抗缺点而活。不过首先要让缺点经受现实的审查：很多不自信的人对他们（臆想中）的缺点评价得过于消极了。如果想从外界得到关于自己实际情况的评估，和好朋友们交流他们对自己的认识会很有帮助。比如，如果你觉得自己是个失败者，那么请你给出具体的例子——具体在什么时候、什么情形下你失败了？什么时候、在哪里，你没有失败甚至成功了？还有，一次任务失败了，跟你的个人价值有什么具体的关系？你的挫败感和今天的现实又有什么关系？你想一想，这种挫败感是不是更可能来自童年经历，而不是作为成年人的主观能动性导致的？

　　自尊心受损的人常常过分评价自己的失败经历。比如，我的一位来访者在大学读完了可以当小学老师的专业，实习期对她来说简直像是进了地狱。她的导师非常严格，她一直都很害怕自己做不好。她的恐惧阻碍了实习，导致她的实习分数真的很低。她因此觉得特别惭愧，不想跟任何人谈到此事，她甚至走上了其他职业道路。事实上，她的不自信和羞耻感来自她的童年。

父亲对她用了非常贬低性和极端严格的教育方式，对此，她懦弱的母亲也没有给她的自信心做出什么榜样。这种卑劣的感觉被她带到了实习期中，失败的实习让这种感觉变得更严重了。这位来访者因此认为又多了一份证据，来证明她的能力不行。相反，在我眼里，她的处境完全没有那么戏剧化：她在童年形成的低自尊心和她严格的、没什么教学能力的导师结合在一起，导致她被困住了。这是可以理解的。虽然这让她很痛苦，但是她必须因此感到羞愧吗？如果她的一个好朋友对她说了同样的故事，那她肯定也能理解，而且不会因此看扁她的朋友。她只会无情地把自己送上法庭。

另外，在很多不自信的人身上都有这样的现象：同样的情况，发生在自己身上，他们会觉得非常糟糕，可是在别人身上，他们的评定就温和很多。很多人也会这样说："别人这样我觉得没什么，但是自己这样，我就会觉得非常严重！"请你们在观察自我的时候也反思一下自己的童年和生活经历。给自己的体谅要像给好朋友的那么多。

当我们关注自己缺点的时候，接受自己的极限也很重要。一个百试不爽的让自己不开心的妙方就是不停地和别人比较——更好的人，更有天赋的人，更漂亮的人。错误的目标，会让人停止前进。重要的是，要比较自己能力范围之内的事情。大部分人都没有什么卓越的天赋，他们既不特别聪明，也没有多漂亮。有着高自尊心的人追求的是认清事实、接受事实，而不是追逐错误的目标。

一个人不用做到完美，只要自己尽力了就足够了。这就是技巧。不论对个人能力的评估是过高还是过低，都不利于自我价值的实现。接受自我的前提是，我有足够的勇气将自己带回现实，包括我的错误、极限和缺点。要是我不承认自己经常做出攻击性的反应，那在这点上我也不能做出改变。要是我不承认我在生活当中逃避责任，那这样的情况就会持续下去。如果我不承认自己的才能是有限的，那我永远都不能对自己的成就感到满足。

给极度不自信者的建议

我还没有自卑到尘埃里，只是害怕看清事实——只有这样真心地追求对自己尽可能深的认知，你才可能成功。对于一个觉得自己非常虚弱的人来说，思考自己的缺点这个任务要求过高了。为了在心理上存活下去，他要抗争的太多了。只有忘记过去的事情和以前受到的伤害，他才能存活下去，他也因此关闭了审视自己内心的眼睛。纳撒尼尔·布兰登在《自尊的六根支柱》中写道：在自尊心之下还存在着一个层面，也就是自我接受。这个层面说的是人有着积极的利己主义天性，为了让自己有生存下去的权利以及为生存而斗争。在这个层面上，人给自己带来了基本的尊重。

布兰登认为，如果缺失了自我接受，其他任何干预都不起作用。因此他建议不自信的人发表下面的宣言："我决定，珍惜自己，尊重自己，维护自己生存的权利。"这里重要的是，承认自己的存在是合理的。自尊心问题严重的人会抱怨自己的存在。这种深入骨髓的怀疑是由早期的童年经历导致的，他们总是觉得自己是不被接受的。可惜事实上，不是所有的母亲都会因为自己当了母亲而开心，她们在接受孩子上也存在着问题。孩子对此感受非常深刻，他会把母亲以及其主要抚养人对他的否定输入他的生活感受当中。这样的人，会在内心深处否定自己存在的意义。除了上面所说的教他们更好地接受自我的方法，我还会在下面的章节中展示另一种干预方法。

控制好内心的小孩

在前面，我已经向你们介绍过性格组成的一个部分，心理学家称之为"内在小孩"。这个"内在小孩"在很多时候决定了我们的感受和行为方式。"内在小孩"是通过童年经历和先天气质形成的。在"内在小孩"旁边，还有我们已经成年的那部分。"内在成人"常常会想："理性地说我什么都懂。可是我仍然什么都改变不了！"问题在于"内在小孩"和"内在成人"混在一起了，大部分人都想不到"内在小孩"和"内在成人"这两个范畴，而只是深信二者是一体的，就是他们所感受到的全部。如果你处在不安和恐惧的状态中，那要让自己意识到，这只是你内心的一部分在行事——也就是内在不自信的小孩，而你内心的另一部分完全可以理性地思考，也具有强大的执行力。你要让内心有意识地进行分裂：是"内在小孩"让我一直感到不自信、被否定和不够好；还有个"内在成人"，至少理论上知道自己夸大了恐惧感，而他可以处理好。

要是你从没意识你的恐惧和自卑被夸大了，而是完全深信这些就是事实，那我要对你说，这也不是什么糟糕的事，你只是被"内在小孩"控制得太厉害了。在感到恐惧的时候，如果你们没有听见"内在成人"站出来说话，那是因为"内在小孩"的声音把它们盖住了，这时你们可以暂时把我——斯蒂芬妮·斯塔尔，当作你的"成人助手"，如果我说你的恐惧很夸张、不理性，请你相信我。

我们该怎么对待感到恐惧和不安的小孩呢？想象一下，你有一个四岁的孩子，他害怕去幼儿园。你会责骂他吗？把他推走？对他说他的行为愚蠢又可笑？你可能不会这样做。取而代之的是，你会安慰他，鼓励他，并且向他解释为什么他不用感到害怕。如果你的"内在小孩"又觉得自己很可怜了，你会怎样对待他？你是和善地对待他，还是会说"别这么做！""控制一下自己！""我就知道你是个失败者！"诸如此类的话？可能是后者吧。这能给你带来什么帮助呢？估计很少。不管是现实中的人还是内在的小孩，都需要关照，而不是被否定。他们需要鼓励而不是羞辱。每一个小孩，包括你的"内在小孩"，都渴望被接受，而且接受他的全部：他的优点和缺点。和"内在小孩"建立联系，和他沟通吧。倾听他的痛苦，然后安慰他。

就此我举一个例子：

50岁的凯末尔是一个工厂里的车间主任。他喜欢自己的工作并且做得很好。只有一件事困扰着他，那就是和上司谈话，尤其是上次上司和他意见不合的时候。每当这个时候，凯末尔的内心就会感到卑微，甚至他觉得自己的心脏随时会跳出来。他讨厌这样的状态，因为这种感觉一点都不符合他大男人的自我形象。他责骂自己，说他最好"别像个窝囊废一样"，要敢于跟上司针锋相对。但这却没什么用。相反，他觉得自己更卑微了，因为他觉得自己"就是个窝囊废"。凯末尔没有意识到，他的"内在小孩"把上司和他的父亲联系在一起了。

凯末尔有个非常严厉的父亲，家里所有人都不敢违抗父亲的命令。凯末尔小时候从没有机会用论据说服过他的父亲，即使凯末尔是对的，父亲是错的。除了服从于父亲，凯末尔的童年就没剩下别的了，因为父亲是强势的一方，控制着他。这造成了凯末尔的"内在小孩"一直到今天都对男性权威感到害怕。

比起责骂他自己——由于他对"内在小孩"没有概念，这对凯末尔的帮助会大得多：第一，认识到是我的"内在小孩"害怕父亲，并且把这种害怕转移到了上司身上。第二，控制好"内在小孩"，以优秀"内在成人"的身份说下面的话："你的恐惧来源于爸爸，那时候确实很糟糕，他没有给过你表达自己观点的机会。但是上司不是爸爸，而且还有我在呢，我是成年人，我能和上司沟通，对此你不用操任何心。"这样，凯末尔的"内在小孩"就能理解他的恐惧，接受自己的恐惧，进而起到宽慰自己的作用。此外，凯末尔还可以用这样的话来劝说他的"内在小孩"。他的恐惧可能不会因此完全消失，但是可以减轻，让他在这样的处境下更有行动力。

你们要明白，恐惧很大一部分来自童年的阴影，如果你们处在内心不安的状态，那是"内在小孩"做出的反应。继续和他交流，友好地对待他。总之，不要屈服于他的恐惧：恐惧感只能通过行动来克服，而不是通过逃避。"内在小孩"可以表现出恐惧，但是最后要让成年人出来作决定！

"内在成人"要完成父母落下的教育工作。他的任务是引导你的"内在小孩"，给他足够的关心和支持。关于这个，我还想给你们一个更具体的解释：在心理学中有一个词叫作"涵容"（涵纳包容）。当一个婴儿呼喊时，母亲把他抱在臂弯里，感受婴儿正在经历的压力和痛苦，这时涵容就发生了。母亲设身处地地和婴儿一起感受他的痛苦。然后她可以温柔地说："噢，小可怜，你是不是身上难受呀？"她温柔地对待孩子的情绪，她将接收到的消极情绪转变成了积极情绪。可能婴儿还是一直感到不舒服，但是母亲的反应让他觉得自己被温柔地包容了。如果母亲反而责骂婴儿，孩子的压力就会增加，如果经常这样，婴儿就会感受和学习到，自己不能从消极情绪中走出来，也没有人帮助他。通过温柔的回应，母亲可以减轻孩子的部分压力。相反，训斥则会增加压力。理解了吗？同样，如果你站在那个温柔的大人的角度，抚慰你的"内在小孩"，也能减少他的压力。

如果你非常不自信，觉得自己没资格活在这个世界上，怀疑自己存在的理由，那就把自己想象成一个小婴儿，然后问自己，这个孩子真的没有活下去的权利吗？没有活得很好的权利吗？试着脱离母亲和主要抚养人对你的生存权利和生活权利的看法。要劝服你的"内在小孩"虽然需要很多的耐心，但是这条路值得你去走。

给自己写一封信

我建议我的来访者们写一本治疗笔记，将自己的想法、感受、担心、快乐和理解记录下来。在写的时候，需要我们深入思考，深刻理解自己的感受。另外，如果我们把新的理解都写下来的话，能让我们记得更牢固。除此之外在心理学研究中还能看到，将我们的感觉和想法写在纸上，能增强我们的免疫系统，因为写作是很能减轻负担的事。这样就可以把脑海里的担心清扫到一张纸上。

有时候我也会鼓励来访者给自己写信，像给一个自己很关心的朋友那样写信。写信的人要以亲切的口吻深入思考自己的问题，也要写下自己的优点。如果可能的话，给自己找到几条解决办法。就像下面这封写给自己的信一样：

亲爱的卡尔：

　　我经常会想到你，因为我知道你是如何独自前行的。你不直接行动，而是反复纠结，结果又一次错失良机。在此之前已经有很多次了。你是个很优秀的手工艺者，很棒的厨师，一个慈爱的父亲，一个很好的朋友，还是个超厉害的斯卡特玩家！你真应该为自己感到很满意。其实，你所有的不安和你现在做的事情，和你到目前为止的成就没有关系。只是因为那些你不愿意放手的陈年往事：当年爸妈的离婚，同学对你的刁难。

　　爸妈之间的事真是让人厌烦。妈妈因此一直过得很不好，就只知道哭和责怪爸爸。你安慰不了她。你也没能把爸爸唤回来。可是这不是你的错！孩童时候的你总是想着，你必须要让妈妈开心起来。一直努力不给她制造麻烦，规规矩矩的，带回好成绩。因此同学们给你扣上追名逐利的帽子。可是为了不让妈妈担心，你把这份痛苦埋在自己心里了。那时你常常感到孤独。你也不能对爸爸说，因为他和妈妈一样，有自己的烦恼。

　　不知为什么你直到现在还会这样想，你必须自己解决所有的事情，不能承受别人的负担。你一直有着童年时期的恐惧感，怕当一个追名逐利的人，怕招致羡慕，不愿直接展示出真实的能力。最糟糕的是该死的嫉妒心。你一直担心你老婆会跑了。为此你困扰极了。可怜的你。虽然我也无法告诉你怎样减少嫉妒心，但是我能对你说的是，至少我理解你：你再也不想经历一次家庭破碎的痛苦了。

不过，你可以试着让自己认识到所有的恐惧都是因为过去。孩提时候的你从来没有机会改变自己的生活——让爸爸妈妈重新回到一起。但是如今你成年了，你看世界的眼光完全不同了。比起童年，你的命运如今更多地掌握在自己手中。这让我又想起来，孩子时候的你非常勇敢。每棵树你都爬过，敢跳十米高的台，必要时你甚至会用拳头保护自己的朋友。这些勇气仍然潜伏在你身体中，你只要再次把它们释放出来……

信的长短和内容都随意，唯一重要的是用心去对待。

自负的我该怎么办

有明显自负情结的人其实不知道自己身上有问题。"大我"把"小我"封锁得太死。虽然意识的表层时不时会闪现让人痛苦的自我怀疑，却很快又从表面被赶走了，因为对自负的人来说，它们是极其危险的。

要想理解自负情结，就要知道自负的人是在自欺欺人。这将他和其他低自尊心的人区分开来。不自信的人不知道自己的处境，比起自负的人，他们能感受到自己的缺点。他们能非常强烈地感受到自己的缺点——太强烈了，也就变成了他们的问题。自负的人不自觉地做了完全相反的事情：他排挤自己的缺点，将自己限制在了"大我"里。因此他在潜意识里对幻想破灭感到害怕。他处在一个恶性循环当中：要想接受自己的问题，他必须放下防备，而这又会给他带来"大我"崩溃的威胁。可是支撑他活着的正是他的"大我"。被排挤的自我可能会涌出来，将他淹没，让他掉进无法想象的心灵深渊。

有自尊心问题的人都需要对自己有很多的耐心和同情心。自负的人需要的自尊心和同情心更多。他的需求和内心深处的自我轻视是相对立的。如果一个人在内心深处否定自己，他又怎么能体谅自己呢？因此我建议非常自负的人慢慢地、非常理性地走近自己的问题。先理性地了解自己内心的构造是很重要的，这样他们才不会淹没在自我怀疑中，失去支撑。

如果你怀疑自己有自负的问题，那就先让自己和问题之间保留理智的距离。先观察问题，如果可能的话，从外面观察。你内心的声音想劝服你，你没什么价值、你一无是处，别相信这个声音，这一点非常重要。在巨大的恐惧和自我怀疑进入你清醒的感知之前，请先分析一下你的童年。这对理解你的自尊心问题是怎么来的非常有用。你不能完全赞同你的自我轻视。在做好保卫措施之前，你不能滑落得太深了。这个保卫措施就是你的理解。

　　首先你要在理论层面上认识到，你在童年时期受了很深的伤害，这些伤害是外界让你遭受的。你不糟糕，是你的"内在小孩"错误地以为你很糟糕。你是童年教育和经历的受害者。试着做个个人总结分析，就像我在前面的章节中写到的那样。对你来说，排在顶级的是把你的缺点和优点一起糅合在自我形象中。自负的人尤其经不起非黑即白的想法干扰。非黑即白的意思是，不是完全认同"大我"（认为自己是"最厉害的"），就是掉进"小我"当中（认为自己一无是处）。这时对自己的赞美和诅咒都不是真实的。你可以将"大我"和"小我"想象成内心的两个空间：你的内心不是处在金色的大厅中（大我），就是在昏暗的壁橱里（小我）。金色的大厅让你眼花缭乱，而在昏暗的壁橱里，你的眼前只有一片黑暗。试着把这两个空间拆开，变成一套舒适的公寓，在那里，你可以让真实的自己安家落户。对自己的能力有一个适度的、恰当的评估有着决定性的意义。优缺点都要评估。如果你要深入研究自己的"大我"，请不要完全消灭它，在很多地方你还是很好的，就算有点夸张。你确实有很多优点，生活里也有过一些成就。你可以为自己感到骄傲。当你研究缺点的时候，也请尽量保持正确的目测力，以免你认为自己根本就是"一无是处"，是个"失败者"。你要一直提醒自己，你深深的不安，是由错误的信念产生的，而且从童年时期开始，你就背着这个沉重的包袱了。

不仅如此，你还要在身体上保护自己——进行呼吸练习。目标是，将你的"小我"和"大我"融合成一个恰当的"这就是我"。想象一下，当你深吸气时，你飘在天上（大我），当你呼气时，则掉到谷底（小我）。呼吸的时候你在两种状态之间摇摆，并将它们连接在了一起。你可以随时随地做这个练习，这对你来说很有帮助。你的身体会因此学会确定一种新的生活感受：以对自己完整的感受来取代两个极端之间的摇摆不定。

在前进的道路上，对你来说，最难的可能就是接受自己并不特殊。当你踏上了认识自我之路，你必须习惯这样的想法，拥有一份平凡的生活也可以是值得追求的目标。这并不等于说你不能在某个领域非凡卓越，但是这也意味着你能看到自己的极限。

远离自己的自负情结是一条漫长而艰难的道路。在这条路上你会看到"小我"给你展示的深渊。因为你一直很排斥你的自我怀疑，比起一直都有自我怀疑意识的人，你更多的是在动摇和自我怀疑之间摇摆。到现在为止，你跑得离"小我"越远，就越容易被你们之间的紧密关系吓到。再说一次：不要把自己和这个"小我"完全对等，这非常重要。你的"小我"是内在自卑的小孩，到目前为止被你忽视了很久。但是他只构成了你性格的一部分。这个小孩需要从你的"内在成人"那里得到非常多的同情、关心和体谅：你不差，也不是很没用，只是你的"内在小孩"是这么看的。

如果和"小我"交流的时候，你觉得自己像待在昏暗的壁橱里一样，那你可以让童年时期内心深处的你走进来，更好地认识它们。富有同情心地面对这些感受，也富有同情心地面对那个自卑的小孩。倾听他在说什么，试着以一个"温柔的大人"的身份去安慰他。在阴暗中破门而入，在那里感受你的自我怀疑，然后再次消失。不要担心，你不会在其中溺亡的。重要的是你有内在的保护措施——那个"内在成人"，他知道这只是一种内心状态，并不是真实的你。

这种内在的保护措施让你陷入深深的自我贬低中。同时你要一直留心，自负的人会通过严厉贬低他人来排斥自己。这个话题我会在后面的章节做进一步阐述。

低自尊心的震中地带：我太差劲了

在深层次改善一个人的自尊心太难了。自我形象、他是谁、他怎么样，都会被深深植入一个人的潜意识当中。这一点我在和来访者谈话时会一直反复强调。他们中的很多人不自觉地把理智和新的经历埋藏在隐秘地带。如果一个人在内心深处坚定不移地相信"我很差劲"，那他的潜意识中就会一直存在这样的想法。他的所有经历都在一定程度上被这个想法给染色了，就好像一件掉色的黑色衬衫把洗衣机里的所有白色衣服都染成了灰色。

因此，把一个人内心深处的核心信条，形象地说就是那件黑衬衫，给揪出来，是非常重要的。这个信条常常只有一句话。这句话是所有自我贬低的核心，经常在一个人的脑子里嗡嗡作响。来自童年的内心信条，会被我们的潜意识提炼成一个定理。我们的潜意识只能处理短语和简单的图像。它飞快地运作，因此无法掌管复杂的客观信息——这由我们的理智来做。我们的理智运作得很慢，但是也更精准。潜意识会极大影响甚至操作我们的行为，因为潜意识比意识工作得快多了。它挤到了前面——而理智往往都没注意到。

请试着走向自己的内心深处，将深层潜意识放进你的意识层面。最好是在把注意力放在身体中间部位时来做这些，也就是往胸口腹部引导，感受你内心最深处遵循的是什么。让答案自己浮出水面，而不是在脑海中寻找它。因为潜意识快速高效地工作，它回答得可能也很迅速。第一个答案通常也就是正确答案。就像我说过的，要得到结果并不复杂。答案往往就是很简单的一句话，比如"我太差劲了""我真没用""我真蠢""为你感到害臊""我是个混蛋"。中间隐藏的意思是：其他人更好！你的基本信条错误地暗示你，跟周围人相比，你就是个废物，你低人一等。最后，所有问题都喷涌出来。就这么简单。

这个基本信条是错误的。它是黑色衬衫。也可以说它是精神程序里的一个偏差。你有义务去理解，出现问题的是一个错误程序，而不是事实。这么久以来你一直觉得自己深信的东西是真的——很简单，因为它植入得太深了。现在你必须学会理解，你只是身上的一个程序出了错，使得自己和世界的视野被染成了灰色。这个信条是你在童年时期获得的。它是错误的。它是教育的错误。它是你心理上没有意义的疮疤，必须挖掉。

有可能你因为这个信条在生活中做了一些事情，让你更加认可了这个想法。它也许导致你在生活的不同阶段失败了、犯错了。这个信条可能会让你的生活掉进恶性循环，因为你相信它，以它为方向。认识到这一点意义非常重大。最好把这个想法当作错误的程序，这个错误会因此被隔离，会被停止，直至变得无害。如果想达到这个目标，就必须问自己它是怎么产生的。弄清楚自己是怎么产生这样的想法的，谁错误地让你走近了它。反思你的人生经历和童年，去理解你的错误程序是怎么来的。这点为什么重要呢，因为你的理智，也就是你的"内在成人"需要论据来消除这个信条。

你的"内在成人"必须意识到，这个信条不是它自己形成的，他只是对此太相信了。对他来说，这个错误的信条已经伴随他太久了，就像脸上长的鼻子一样，使他产生了错误的见解，仿佛这个信条和鼻子一样有着存在的权利。让人痛苦的地方是：由于很多深度不自信的人大多在童年早期就已经形成了错误的观点，那时候的事情他自己都不记得了，他就觉得这个错误观点本来就属于他，认为那是对的。而且对不自信的人来说，这样的信条不仅仅是一个想法或看问题的方式，它已经是一种身体上的基本感受，已经深入骨髓了。

比起恨父母，我更愿意恨自己

很多人难以在内心深处改变他们的自我形象，因为这会让他们和父母之间的关系变得很紧张，哪怕父母已经不在人世了。

和父母之间的关系会怎样阻碍一个人的改变之路呢？当内在小孩现实的成长环境出现调整时，他会害怕失去家庭。然后他就要忍耐对父母的不满。为了保持和父母的关系，他更愿意把不满指向自己。如果孩子想在童年时候更好地和父母生活下去，就必须忍耐下去，让父母感到孩子是值得保护的，这能让孩子免受伤害。因此他们要将父母美化，至少在一定程度上。这种为了在父母那里获得保护而形成的忠心，往往会持续到一个人成年以后的生活。

　　我的一位来访者深深厌恶自己，也显然完全改不掉，在我问她这么讨厌自己有什么用的时候，她说："我保护了我的家庭！"她感到了一种自我毁灭式的愤怒，这让她觉得害怕。虽然她知道这种愤怒其实是由父母导致的。如果她把愤怒发泄到父母身上，她和父母之间的关系就会破裂。那她的身边还剩下谁呢？由于她自尊心很低，她也受着固定关系恐惧症的困扰，她没有组建自己的家庭，不能在其中尽情享受亲密关系所带来的好处。她和很多不自信的人一样，将和父母的关系变成了恶性循环：她害怕在感情上和父母疏远了，坚持消极的自我形象，以此来保护和父母之间的关系。

　　如果你的自我贬低深深扎在心里了，你应该问问自己，你对其他人际关系的保护到什么程度了？也许不仅是对父母这样，现在的恋爱对象对你也不是很好，你是不是也这样？可能有很强烈的情感原因让你反对所有的理性论据，坚信自己糟糕的自我形象？思考一下自我贬低能给你带来什么好处。试着辨认出它们，并且找到具体的方法将好处留下。当来访者认识到和父母的关系是阻碍她改变自己的原因时，她才第一次允许自己对父母生气，也因此开始慢慢处理问题。她通过接受自己的愤怒并且关注它来处理这个问题。随着时间的消逝，她的怒气也渐渐平息了下来，因为怒气终于被她"听到"了，她也觉得可以理解自己的怒气了。只要你压抑自己的感受，你就不能好好处理它。通过处理她的怒气，这位来访者擦亮了她的眼睛，看清了由父母导致的不幸生活经历，最后她甚至可以原谅他们。这样做，她不仅从根本上改变了和父母之间的关系，也改变了和自己的关系。

是的，但是……

估计很多自尊心低的人在读前面章节的时候都忍不住说过"是啊，但是……"，有一位来访者在这个时候就说了这句话：

"有可能我受童年的影响太大了，纠正一下：受父母的影响太大了，我不怎么独立，但是如果我看自己目前的生活，包括我的能力，我的外表，我不得不承认，我确实很差劲——不管父母在不在身边。斯塔尔女士，您说得轻松。您上过大学，您写书，您还很吸引人！但是您看看我！您现在都没办法真诚地劝我相信我说的都是错的！是什么让我这样相信的？现在请您向我解释一下，我怎么才能相信我自己还可以？我一点都不可以，我的'内在小孩'是这么想的，我的'内在成人'也知道，每个认识我的人都知道！您让我闭上眼睛不看现实，把自己说得好一点，可是我一点都不好！"

这些话是安雅说的，一位三十岁的来访者。站在她的角度来看你可以理解她：她从学校辍学了，没有上过大学。她婚姻也破裂了，两个孩子被青年福利中心送进了一个护理家庭。

我不想将安雅的每一个童年经历都具体写出来，仅仅知道她的童年过得很糟糕就够了。当她还是个小孩的时候，她努力满足父母的所有要求。青春期时她开始叛逆，成绩一落千丈，她对一切都没有兴趣，最后她逃出了父母的房子。她没兴趣上大学，随便找了个男人，她隐约地希望那个男人能拯救她。她很早就当了母亲，但她觉得自己承受不了那么多的责任。她的婚姻也没有持续多久，她丈夫偷偷溜走了，并且把孩子留给了她，从此杳无音信。三十岁的安雅因此认为自己的人生已经一团糟了。她靠"哈茨4号方案"的补助救济生活，并且她每个月只能看望孩子一次。在她眼里，她作为一个人，一个妻子，一个母亲，都是失败的。

安雅的故事是个很好的例子，展示了一个人在童年时期已经形成的低自尊心如何在后来的生活中引导她做出错误的决定，并且这种低自尊一直在增强。低自尊心可以形成一种连锁反应，最后变成听天由命。

责任感和受害感之间……

安雅怎么才能从这个恶性循环中走出来呢？她怎么才能给自己的生活一个积极的转变？对她将来的发展起到决定性作用的是，她反思和评价自己到目前为止生活经历的方式。

她可以粗略地通过两个视角来看自己的生活经历：可以把自己看成所处状况的受害者，也可以是自己要对自己的过错承担责任。对自己负责首先听起来就很不错，并且也是对的。但是它也可能会导致自责过度，那就不是什么好事了。

如果安雅认为自己是受害者，那她就会把所有责任推给其他人，而不是自己承担。她的看法可以用下面的话来简单形容：我的父母完全失败了；学校的老师不负责任；我前夫就是个渣男；另外，青年福利中心的那个女人从一开始就针对我，没根没据地把我的孩子带走了。

如果安雅认为错的都是自己，那她就会这样形容自己：我把一切都做错了；我的父母都理解不了我；我又懒又蠢，最后我丈夫也忍受不了我；作为母亲，我本来就毫无价值。

两种视角都是极端的、错误的。如果你只把自己看成受害者，那几乎改变不了什么，因为你通过自己的感知认为自己没有做错任何事情。如果你不承认自己到目前为止逃避了很多责任，那对此你也改变不了什么。我经常遇到这种有受害者心理的人，他们和安雅差不多，也给自己的生活带来了很多的不幸。他们的自尊心太脆弱了，做不到坦白自己的责任和过错。他们通过推卸责任来防止自尊心崩塌。此外，在潜意识里，他们也觉得自己随时可能心理崩溃。他们忍受不了这么多的错误和失败。

很多过度自责的人都批判自己和自己的生活。他们通常都很聪明，并且努力反思自己。他们当中的有些人还把无情的自己送上了"法庭"。过度的自我贬低拖了他们的后腿：缺点看起来那么多那么严重，让他们无法克服。他们停留在自我贬低中。

这两种观点，不论是不现实的受害者想法，还是过度的自我谴责，都会导致自我逃避。当然也有既认为自己是受害者同时也自我谴责的人。唯一重要的是，要尽可能地对自己的责任和外界有一个正确的评估。只有这样，他们才能把改变的操纵杆摆在正确的位置上。

在安雅面前有几个艰难的任务：

第一，对自己的责任有一个实际的评估。

第二，认识到过去和她有关的人的责任，这部分不是她自己导致的。

第三，给自己以及"内在小孩"足够的体谅。

第四，以此为基础，做出新的决定。

这条路最初看起来漫长而艰难。对有些人来说，这条路看起来太长了，因此他们一开始就完全不想走上去，取而代之的是四处消磨时间打发生命。但是这看起来比米切尔·恩德的小说《说不完的故事》里那位清道夫好多了吧。那位清道夫的工作是清扫一条无尽的道路。有人默默问他，他哪儿来那么多力气去完成这个任务，清道夫回答道："这很简单，我一步接着一步扫。"

安雅想走上这条路。在我们的谈话中她越来越清楚自己在童年时期从父母那里得到了怎样的错误信条，以及她因此形成了怎样扭曲的自我形象。她找到了自己内心深处一直没有意识到的基本信条"我一无是处"，也认识到了这句话让她在作重要决定时有多沮丧。她明白了自己那时是因为害怕在学校犯错而退的学。她了解到自己的内心深处渴望有父亲能引导她的生活，因此她找了一个非常强势的丈夫，最后他却一直在压制着她。这时她才察觉到她被压制到了什么程度。说到孩子时她痛苦地认识到，她无意中把她的缺乏自爱转移到孩子身上了。就像她那时候忽略自己一样，她对孩子也一样冷漠。她不自觉地用母亲对待自己的方式对待了孩子。

安雅虽然承受了很多的眼泪和痛苦才认识到这些，但是她给新的认识创造了空间。时间会让安雅对自己有更多的理解。这样她就能认识内心中那个不安的、自卑的小孩，因为过于苛责自己而作了一系列错误的决定。同样，她也能发现和珍惜自己强大的部分，她的斗争精神，她的能力，她的自我反省，她对家和朋友的渴望，以及她的聪明才智。

安雅找回的自我越多，也就越容易接受孩子。认识到她是因为害怕失败而没有试着去做很多事，让她决定去做更多的事情。她补完了中学学业，并且做了老人护理的职业培训。她联系了青年福利中心，和那里的工作人员把话说开了。她希望增加看孩子们的次数，后来也因为她态度的改变被获准了。她为自己过去的忽视和不公行为向孩子道了歉。孩子们开始再次信任母亲，安雅和"内在小孩"进行了和平的沟通，她开始和孩子们以一种全新的方式交往。她学会了接受和尊重孩子们在这段时间里和护理家庭建立的关系。她之所以能做到，是因为她认识到自己过去做得不好，因此她不再把护理家庭看作竞争对手，而是把他们当作孩子们认可的善良的家人。在我们的第一次谈话过去几年之后，安雅对自己和生活的看法彻底改变了：她为自己感到骄傲。

别让内在小孩开口说话

内在批评家就像我们心理上一个可恶的租户一样，一直在挑刺，而我们又赶不走他。重复父母和老师的提醒与评论已经变成自我谴责的一个任务了，这也让它们不会被遗忘。内在批评家会这样评论我们的能力和行为举止："反正你什么都做不成！""不要妄想自己能成功了！""反正下次你还是会掉到最后一名的！""你看起来到底怎么样？看看你自己吧，你就是个笑话！""你怎么这么蠢！""你永远都做不到！"等等。这些大多是我们童年时期从家长或老师那里听来的话，它们深深烙在我们心中。虽然不用再听到原话，但这些句子我们已经熟记于心，它们像一张CD一样在我们的脑海中无限循环播放。它们往往是我们贬低和阻碍自己的标准句式，因此先把心里这些句子找出来非常重要。试着先关注自我，把内在批评家的格言记在一张纸上。内在批评家也是很有创造力的。它会在不同的情况下创造新的格言，以此来迷惑我们，让我们觉得它目光敏锐，直视我们的缺点。有一件事是内在批评家绝不会做的：鼓励或表扬我们。

就像对"内在小孩"一样，很重要的一点是你要把对自己的批判只当作心理的一部分，它和现实几乎没什么关系。在内心对自己的批判，导致了后天对自己的错误认知，这些是由我们的父母、老师或其他相关人物植入我们心中的，但是它们已经不属于这些人了。而这些刻薄的评价一如既往地对它的"主人"产生很大的影响。

要想削弱内在评判对自己的影响，首先必须了解它。其次将之想象成一个讨厌的小矮人，果断地让它闭嘴。和它协商或者对它妥协没有任何意义——因为它太极端、太阴险了。如果你请求它克制一点，评价得更公正一点，它会幸灾乐祸地偷笑。下一次它又会在你耳边念叨："你看，我怎么对你克制？你自己都克制不了不失败！我只能对你说，这些都是无用的。"

如果你想摆脱内在批评家，只有一个选择：坚持用一切手段驱逐它。你可以一直对它说："闭上你的臭嘴！""我不想再听你胡说八道！""反正你只会说废话！"等等。对待批评家，你可以用最粗俗的词——混蛋能理解的语言。除了针锋相对地和它对骂，还有个能让它更受伤的办法，那就是把它的声音变得很搞笑。这能让它完蛋。这样你就能堵住内心的声音。

有一位来访者，她的内在批评家一直在她耳边说她有多笨，她把内在批评家的声音想象成奥地利口音"看看你自己有多蠢"，这总会让她笑出来。另一个来访者用单调的曲子把内在批评者的声音唱出来，这样他就不觉得害怕了。通过这样的办法，你会扭转力量的对比：不是内在批评家控制你，而是你控制它！如果你对"内在批评家"这个比喻特别感兴趣，我推荐你们看罗尔夫·梅尔克勒的《让你变得更自信》深入了解下。梅尔克勒将怎样和内在批评家相处写得非常详细有趣。

我很棒

我想给你们再推荐一个方法，来解决错误程序，那就是再安装一个相反的程序。可以从两条路来看：

第一条路，我在这本书的开头已经提到过，很多自尊心受损的人在有些地方也不会怀疑自己，而是很自信，自我感觉很好。就像马勒女士，她认为自己像只灰老鼠，但是在工作中她又觉得很自信、很在行。如果你还没有彻底怀疑自己，而是知道自己在某些时期对自己感到满意，那我建议你专心致志于这种感觉，从内心找出一句话来总结这种状态。也就是说，把注意力集中在一个让你觉得状态很好、很自信的情境里，让你的潜意识从胸口腹部找出一句话来准确形容这种感觉。重要的是不只要想到"我很棒！"这样的句子，还要在身体中感受它。有意识地去感受你的身体和呼吸是怎样察觉这种满足状态的。

如果你又卡在"我很差劲"的感觉中了，试着用意念和决心有意识地把它转变为"我很棒"的感觉。在前面的章节中我提到过大脑的奖赏——惩罚系统。这里用的正是这个系统。你可以学着有意识地主动将惩罚系统转换成奖赏系统。

第二条路，如果你属于那种很难发现自己有哪里好的人，那你就给自己加一条人生座右铭或者给自己一个肯定。（走第一条路的人也可以额外做这件事，双重保险！）首先关于人生座右铭，座右铭得是精神上的支撑，你可以通过抓紧它来消除恐惧。有个更高意义上的指引也能让我们克服恐惧。人生格言和人生座右铭把这个更高的意义浓缩成了一句话。把这样的句子烙在心中，通过它的引导和指挥，可以消除掉一个人自我贬低的信条。

你可以在网上或者在书中找到无数关于这个话题的人生座右铭。可能你的奶奶或其他亲人也有一条或多条这样的格言，你可以把它们借用过来。不过你也可以自己创造几条。

下面是几个例子：

·努力的人可能会失败，不努力的人已经失败了！（贝尔托·布莱希特）

·生活不在于你有一副好牌，而在于你如何打好手上这副烂牌！（出处不明）

·人生重要的不是你从哪里来，而是你到哪里去。（出处不明）

·伟大的不是成为这样或那样的人，而是做自己！（索伦·克尔凯郭尔）

·让别人对自己感兴趣最好的办法是，先对别人感兴趣。（艾米尔·欧斯）

肯定也可以起到一定作用。肯定指的是一条自我肯定的句子，不停重复它可以影响我们的思维、感受和行为举止。肯定是对潜意识的一道清晰的指令。你无意中一直使用的消极肯定句，例如"我很差劲！"也是一个道理。运用积极肯定句的力量吧。

我认识很多人，他们通过积极肯定句成功地提高了自尊心。

积极肯定句在结构上不要太普通，遵循一定的规律会更有帮助。现在我要来给你们传授经验。

第一，找到你想训练的主题。比如你想变得更自信。如果你造了一个像"我很自信！"这样的句子，那就太乏味了。这样的句子更可能会增强你的自我怀疑。你会马上反对，比如："谁信这个才见鬼呢！""真是胡说八道！"

第二，给自己选一个具体的、可接受的说法，比如说"我乔安娜，每天都有资格维护自己"或者"我汉斯，尊重自己"。重要的是这些句子全都是肯定句，用现在时态，而且包含主语"我"。像"没人可以对我不尊重！"这样的否定句就没有用，因为潜意识理解不了这样的否定句。比如说我现在要求你不要去想一朵蓝色的云，然后会怎样？你肯定想象了一朵蓝色的云。

第三，如果你找到了一个肯定句，那就用心感受一下，它适不适合你。只选择那些你能感受到的句子。如果内心反感，就没有用。

第四，至少在纸上写十五次肯定句。如果条件允许，用最爱的颜色将其写在一张纸上，然后挂在家里最显眼的地方。尽可能频繁地说、想，或者默念这个肯定句。重要的是，要全身心投入，用心感受你想达到的状态。

第五，不断想象另外一个人，如好朋友说这句话，也会有帮助。你可以想象你的好朋友在和其他人聊天时把你的肯定句当作论断："是啊，乔安娜每天都有资格维护她自己！"其中你的名字不可或缺。

如果你的肯定句是直接否定消极信条的，也很好。例如，你深信"我一点都不重要"，那就把你的积极肯定句放在不自信的正中心。这样相反的肯定句就会是："我非常重要！"不过这可能会让内心非常反感，试着找到一个可以接受的反抗的句子，比如："对我的孩子来说我很重要！"或者"每天我都能看到自己更多的价值！"关于自我肯定，有很多文献以及网上资料可以借鉴，你可以找到很多自我肯定的例子。

自我调节的魔力

在这里我还想再次总结一下改变的核心。核心就是了解内心的程序，和它之间形成一定的距离。理解一个人的内心程序就可以改变它。另外这个程序会自动停止运行，因为你不认可它了，也就没这个意识了。

有些人表示对自己的内心程序完全了解，但是这并不能改变什么。他们可能搞错了。如果你对自己的程序完全清楚，就可以做出一些改变。如果你认为自己一切都看清了，但是还一直都没改变什么，那你对自己的分析肯定出了错。

低自尊心的人首先要学会理解，不是自己很差、很讨厌、愚蠢、头脑简单，而是低自尊让自己相信——这就是自己的内心程序。要让你的自尊心和理智保持一定的距离。和"内在小孩"之间的沟通也是这个道理。我们要下定决心将心理程序上幼稚无理的部分和成熟理性的部分清晰分开。

用技术语言来形容就是，你要把心理上的电路图在自己面前摊开，改变错接的地方。

关于这些相互关系，我想用一个自负情结的例子来解释。如果一个自负的人了解自己内心的程序，他也会知道自己对伴侣（还有其他人）的缺点没有什么包容心。伴侣的缺点让他恼怒。要是这个自负的人意识到这一点了，知道自己是这样的人，理智就会将自己和那个自动运行的程序之间拉开一段距离。之后看起来就会是这样的：如果伴侣刺激到他的神经了，他会认为是自己的问题，他就能调整自己的心态。他可能会这样说："你现在又把你老婆的缺点看得夸张了，这是你的自负心理程序，麻烦你再想一想她有什么优点，别忘了你自己也有很多缺点，可能也让你老婆这么反感！"

纠正自己的感知可以拓宽视野，而不是遵循心理程序，只局限在妻子的缺点上。这样，他就改变了看妻子的角度：比起她的优点，缺点微不足道，他把自己的缺点和妻子的缺点联系在一起了，避免因妻子的缺点而情绪激愤，并且为此恼怒。他会保持谨慎。另外这个自负的人还会禁止自己责怪妻子，因为他知道这只会对妻子造成不必要的伤害。最后他会明白，那些在他看来很严重的缺点，在现实中可能非常不值一提。通过这样简单的自我控制和对感知的纠正，他很快消散了怒气，也避免了和妻子不愉快的争辩。因为他知道自己有自负情结，也就不再信任自己的感知，这也纠正了他的理智。这句话对自负的人以及所有其他的人都适用：我不必永远信任我所认为的东西！

相反，如果这个自负的人不了解自己固定的思维模式，他就会相信自己感知到的东西。他会不自觉地用放大镜来看妻子的缺点，完全隐藏妻子的优点，包括自己的缺点。这会让他非常生气，将妻子的缺点当作错误来谴责。他会认为自己做得很有道理。

这里要学的技能就是：看清自己能信任的和不能信任的感知。

找到自我

很多不自信的人难以定义自己到底是谁，以及自己的性格是如何形成的，对自己的身份感到不确定。这个问题可以追溯到童年时期。他们必须扭曲自己（至少是部分情况下），来取悦父母，尤其是当父母对孩子的性格和能力投入了太多的期望时。比如说当父母期望孩子温顺、不发脾气，那么孩子就会学着压抑自己与生俱来的攻击性。这样孩子在成人以后也能控制好自己总想攻击别人的冲动。

可能他只有在喝酒之后才会表现出攻击性，而且会因此失去控制。如果他喝醉了，他会打妻子，把所有积攒的怒气（对母亲的）发泄在妻子身上。一旦清醒，他就会感到很愧疚，然后向妻子保证再也不会这样做了——直到这种情形再次发生。这样的人没有把童年经历与自我形象整合在一起。因为他在童年时不被允许发脾气，他学会了把攻击性压抑回去，但是他不知道该怎么合理地面对自己的攻击性（关于攻击性这个话题，我会在后面的章节里进一步阐述）。

如果父母明确或者隐晦地对孩子表示了期待，而这些期待只有部分符合孩子的自然需求以及性格和能力，那么孩子就会学着为了父母而否定自己。他会在生活中学着压抑真实的需求，压抑天性。孩子的性格发展会受到限制。成年以后他也不能明确地知道自己的真实需求、性格、价值、优点和缺点。

这个过程可以追溯到父母不同的行为方式上，比如父母对孩子的感情移入能力比较弱。父母或其中一方的感情移入能力较低的话，孩子不仅不会恰当地处理自己的攻击性，也不会处理悲伤、恐惧、愉快等感觉。如果父母很难正确理解孩子，也就常常不理会也不处理孩子的感受和需求。父母接受孩子，孩子才能学着接受自己。如果父母都不能很好地接受孩子的优点、问题、感受和天性，孩子也不能接受自己原本的样子。孩子会觉得自己所感受的、所想的和所要的都是错的。他会认为自己的感受和心愿是毫无意义的。他认为自己本身的样子是不够好的。所以感情移入能力是父母教育能力的中心标准。

孩子能理解自己的感受、心愿、担心和恐惧是非常有必要的。理解不一定是父母要支持孩子的所有感受和需求。孩子当然也要学着适应。但是最重要的是孩子要先学会理解自己。这可以通过父母对孩子的感受做出反馈来实现，比如说一个孩子正在伤心，因为他刚刚和一个玩伴儿吵架了，那么父母不仅可以帮助孩子认识到吵架的原因，也可以帮他找到和好的办法。这样的话，孩子能学到很多东西：

·我刚刚的感觉叫作"伤心"。

·伤心是被允许的。

·我理解我为什么伤心。

·我理解我引起这个局面的原因。

·我可以找到问题的解决办法。

如果孩子有机会去经历和感受，他们就能因此获得持续的认同感。他们会学着面对自己的感受和需求。如果父母做不到这一点，那孩子和他的内在心理过程之间的联系就会变得很弱。

长大以后，这样的孩子就常常无法确认自己的情绪，不知道他此刻的感觉对不对，也不知道他该做些什么。感情移入能力不高使得父母会常说一些口头禅，孩子会记在心中，直到成年以后它们会变成他们所谓的人生信条。例如，"给你弟弟做一次榜样""你继续这样做会给你带来不好的结果""你让自己看起来很可笑""你太胖了，很尴尬，太蠢了""别人会怎么想你""别再幻想你的长相/能力了""自满者败"等等。

很多不自信的人将这些熟记于心的信条带在身上，让它们像唱片一样在脑海中播放。父母的话变成了他们的信念。父母错误的价值观使孩子形成了错误的认同，比如活在极其僵化的宗教价值观中，或者活在父母的评估系统中——让金钱和成就占主导地位。强行让孩子活在僵化的、片面的，还有道德上不可靠的价值观里也同样会阻碍孩子的性格发展。

如果你很难形成一个清晰的自我形象，那我建议你深入研究一下自己所受的教育和童年经历。这也适用于其他让你产生深刻印象的人或事，比如老师或者其他孩子。

给自己做一份个人测评

我邀请你们首先写一份清单，这样才能对自己的形象有一个基本的了解，写上你们的能力、优点和缺点。这份清单要包含下面的主题：

我的感受

在我的感觉目录里有哪些情绪？恼怒、愉快、骄傲、悲伤、同情、爱、恐惧、失望。我允许自己有这些感受吗？我怎样处理它们？

我的性格特点

一个人可以有很多性格特点，这里我只想说几个来激发你们回答这个问题的灵感：真诚的、乐于助人的、没有耐心的、羞怯的、爱交际的、开放的、谨小慎微的、聪明的、品质好的、懒惰的、吝啬的、幽默的、适应能力强的、叛逆的、攻击性的、有雄心的、执行力很差的……

我的价值

对你来说哪些价值在你的生活中是重要的？可能是这些：博爱、自爱、公正、文化、成就、真诚、友好、关怀、责任、勇气、包容、诚实、独立、知识、智慧、可靠、忠心、信赖等等。

我的兴趣爱好

列一个清单，对你来说什么是重要的，什么能给你带来快乐。

我的缺点和优点

尽可能实际地评估自己的缺点和优点。不仅评估性格，也要评估你的能力。

我的信条

这里说的是拖累你的内在消极信念。想一想你一直在重复对自己说的格言。另外你要记下自己的积极信念，来抗议消极信念。

再看一眼你写下的东西并且问自己：我从父母那里学来了什么？哪些感受是你的原生家庭想看到的？哪些是不被接受的？你的父母怎么处理这些感受？尽你最大的努力去思考，你怎么才能做到正确与合适。我明白对很多读者来说，对这个问题作出判断很不容易，但是如果想对自己的内心生活有更多的认识，尝试去回答会对你有很大帮助。

关于你的性格特征，你也要问问自己从原生家庭那里受到了哪些影响。有没有哪些特定的性格是被强烈要求的或者被表扬的？或者有没有哪些特定的性格——不论好坏——一直被重复强调？有没有哪些性格是你从父母那里耳濡目染或者遗传来的？

同样要对比一下你和原生家庭的价值观。对父母来说什么是重要的？你认为什么是有价值的？

还要看看父母对你的兴趣爱好产生了哪些影响。

然后研究一下自己受教育过程中的优缺点。你有哪些缺点在家被规劝过？或者被其他孩子和老师敦促过？你的优点是怎样形成的？最后找出被父母或其他家长深埋于心的信条。

思考的目的是进行一场内心的修缮。就像你修缮一座继承下来的老房子一样。打量一下整座房子，然后考虑哪些地方好看，哪些东西要留下来，哪些要扔了，哪些要修理，哪里要扩建。就这个意义而言，这些思考是管理你个人的库存，在必要情况下要清除废品，清除从父母那里学来的，本不属于你的不可信的态度、情绪和价值观。不过在这里要澄清一点，不是所有从父母那里学来的东西都是不好的。重要的是，你自己得明确原生家庭对自我形象的影响你满意不满意，你能不能认可它。答案是肯定的，你就保持下去，答案是否定的，那你只有告别它，找到新的东西取代它的位置。

我知道这个练习并不轻松，但是会非常有用，至少好好思考一次你从童年时期背过来的行李中都装了什么。尽自己最大的努力去做这个练习，但是不要追求完美或者钻牛角尖。

你作为男人或女人的自我形象

在这一段中我想讨论不同性征的自我形象，在一定程度上和笼统的"作为人"的自我形象区别很大。我总喜欢问来访者怎么描述自己"作为人"的形象，然后接着问他们怎么形容自己"作为男人"或"作为女人"的形象。

写给男性读者：

我总是强调这两种自我形象是相当分裂的。比如我的一位三十八岁男性来访者是这样形容自己是："我很诚实，是一个忠诚的朋友。我很会照顾周围的人，也喜欢钻研哲学问题。我很体谅人，我很聪明，也很勤奋。我虽然爱钻牛角尖，心情也常常感到烦闷，但是总的来说我觉得自己还行吧。"接着我问他怎么看自己的男性形象，他说："普通长相、娘炮、黏人！"他之所以来做心理治疗，是因为他在女人和谈恋爱方面经历坎坷。而原因就是他的男性自我形象。他培养了自己的女性性格，而不是男性性格。这在很多女人看来就是无趣，他就是不够性感。所以当他见到"意中人"时，他总是表现得特别低三下四，刻意去取悦对方。当他有不同意见时，他也不敢反驳，因为他害怕引起争吵，然后这个女人就不想再要他了。他也不敢"直接下手"。他无法在自我形象里认同自己。

我从男性自信心和执行力方面训练他，让他认为自己也是个有性能力的人。他男性形象有问题的原因其实是他和父亲之间紧张的关系。他父亲在家里是个恶劣的暴君，不仅打孩子，也打老婆。这位来访者在成长过程中下定决心不要成为父亲那样的人，可惜他给孩童时期的自己浇了一大桶冷水，他不自觉地压制自己几乎所有的男人特性。另外，当母亲和孩子形成联盟一起反抗父亲时，也会让男人这样。比如说母亲总在儿子面前哭诉他"恶毒的父亲"。儿子因此认为男人有问题，女人很受伤。这对他的男性形象有非常大的影响。为了不成为"恶毒的男人"，他们几乎阉割了自己。

相反的情况也会经常出现，也就是一些男人会认为自己很男人。这些男人的立场很坚定，对性能力很自信，认为自己的总体形象——包括外表——很男人。而他们很难区分自己的感受，并对此闭口不谈。另外，他们还很难承认自己的内心对依靠和体贴温存也有需求。第一种类型的人不敢变强硬，而第二种类型的人不敢变温柔。这样的男人可能会因为固定关系恐惧症而来找我做心理治疗：他们很长时间都不能允许自己进入亲密的恋爱关系——他们（不自觉地）有太多的恐惧，害怕因此失去自主权。简单来说，对这样的男人，我会训练他们温柔的一面。

　　如果你是一个男人，那么思考一下你的男性形象，你是不是过度压抑了自己阳刚或阴柔的那一面。试着给自己展示一个尽可能完整的自我形象，也就是作为男人你不仅可以执行力强、对性能力自信、目标坚定、勇敢，你也可以体谅人、有同情心、温柔，以及有依赖心。全部放在一起并不冲突。

　　想训练自己男人特性的男人，我推荐你们去看比约恩·托尔斯顿·莱姆巴赫的书《活出男子气概》。

写给女性读者：

　　请给自己提出一个问题，你认为自己是怎样的女人？有些女人非常压抑自己的女性心理，也有一些将其夸大了。第一类人常常相当不显眼，这类人也不多。她们认为自己作为女人没有吸引力，在潜意识里排斥关于外表和女性形象的话题。第二类人则相反，非常在意自己的外在，以及在男人面前的受欢迎程度。

　　比起男人，外表对女人的自我形象来说非常重要。男人一如既往地看重自己的能力，而女人则更看重他们的外表，至少在作为女人或作为男人的形象上是这样的。在我的朋友中有一个流传很久的问题，"一个人什么时候会觉得自己性感"。女人回答说更注重外在特征，比如：当我有小麦色皮肤的时候；当我觉得自己身材很好的时候；当我穿漂亮衣服的时候；等等。而男人则相反，他们表示这些时候自己很性感：当他们顶进一个头球的时候；赚了很多钱的时候；开了一辆豪车的时候，签下一份土地合同的时候；等等。女人很大程度上根据外表定义自己，当然这和男人的要求有很大的关系。有心理学研究表明，男人找另一半的主要标准是外表。（女人对男人的所有方面都有要求：他长得要好看，有一份好工作，会挣钱，人很友善，幽默，帮忙做家务，等等。）

如果你认为自己自信心不强，没什么吸引力，请阅读下面一章。如果你更属于把什么都押在"吸引力"这一张牌上的女人，那试着让你的自信心脱离男人的肯定。随着时光流逝，我们都逃避不了衰老。过分看重外在形象也会因为缺乏真正的自信心而和其他女人形成竞争。这很遗憾，也很没必要。男人的认可对女人来说不应该是自尊心的主要标准。这不是必要的。给自己找一找吸引力之外的其他努力方向和价值感，从中树立自信心。对此这本书会给你们提供帮助。

　　除了外表，对女性形象来说，适应能力和执行力也扮演了很重要的角色。这和男人们因为征服欲而压制女人有自己的主张一样，有些女人把自己变成了"小女人"。她们极其迎合伴侣的期望，同时也失去了自我。另一些人则很少去迎合对方，因为她们有意无意地活在持续的恐惧当中，害怕伴侣过分控制自己。第一类人很少为自己的利益去行动，而第二类人则会因为很小的事情而争吵。找到一个健康的折中方案，我在后面的话题里会给出帮助。

我不好看

　　男人和女人一样，质疑自己的外表对异性的吸引力。就像已经说过的，女人比男人更在意外表，我们的社会一直是这么认为的：女人要长得好看。这给女人带来了巨大的压力，尤其是面对衰老和身材变形时，女人更加忧心。男人只要"有趣"就行了，女人只要"好看"就够了的时代早已成为过去时了。在此期间，男人为了追求透支的美感也伤透了脑筋。用一句格言来打破这种美感吧：接受你真实的外表。如果一个人觉得自己不够有吸引力并且一直为此纠结，那在我看来"理性接受"的路就太漫长太艰难了。我自己宁愿选择一条折中道路：我们应该尽最大努力表现自己，但是也要对自己感到满意！

　　美丽不能等同于自信，它们之间没有因果关系。我永远都不会忘记很多年前来到我诊所的一个年轻女孩，她长得简直让人惊艳——我绝不夸张地说——她哭叫抱怨了一个小时，因为她觉得自己长得太丑了。那时候我还是个没什么经验的年轻心理医生，面对这么戏剧化的错误认知，我完全不知所措。很多人客观地评价自己长得不是很好看，但是他们身体发肤之下的心灵却感到很快乐。其实困扰我们的不是客观的事实，更多的是对自己的评价。

　　有的人即使一条腿受伤残废了或者切除了一边乳房也能活得很好，而有的人就会因此而绝望。这样的命运当然很难让人承受——如果发生在我身上，我也要消化很久。还是有很多人能做到很好地安排自己的命运，他们能成功地将自尊心和受伤的外表分离开。他们中的有些人不仅能很好地安排自己的命运，还活得十分美满。他们引导自己把注意力放在拥有的东西上，而不是没有的东西上。他们对自己的生活充满感恩，比如能够活着没有疼痛就已经很好了。他们看重自己的品质而不是缺点。这表明，让我们跌落的不是不幸的处境，而是我们遇到这些不幸时内心的态度。

　　因此外表和自尊心之间没有必然的联系。有长得很好看的人，他们很不自信，从不觉得自己好看。也有长得不那么好看的人，对自己的外表毫不在意。当然有一些低自尊的人会将自尊问题投射到外表上，导致自己内心纠结。外在形象确实提供了一个很好的投影面。比如一个人不厌其烦地对自己还看得过去或者甚至很好的身材而烦恼，通常本质上说是因为他们缺乏自信心，所以其内心无法压制对自己身材的怒火。她把身材当作一个看得见的标志，觉得自己"不完美"。因此秤上的数字决定了她日常心情的起伏。秤很精准，卡路里可以算，所以他们看着数字渐增，日渐觉得自己活着没有价值，这样可能导致厌食症。由于算卡路里，挨饿或者呕吐，以及运动过度，女人们不自觉地磨光了自己的自尊心。这个问题是很容易控制的。对这些可怜的女人们来说，深入分析自己内心深处不自信的原因可比挨饿要有用得多，也健康得多。

不过我还是认为，如果一个人想训练自尊心，他就不能完全不在意自己的个人魅力。其实一个人对自己的感觉越好，就越会觉得自己有魅力。我想，几乎每个人都有过这样的经历，如果哪天他气色很好或者穿了一套新衣服，他就会感到更自信一些。但是对很多自尊心受损的人来说却前后颠倒了：有的人认为关注外表没什么意义。他们忽视自己。他们不愿意进一步关注自己，也逃避这些话题。有的人却选择相反的策略，他们过度关注自己的外表，把一切赌注都下在美丽的形象上，就像上面提到的沉迷于身材的例子。

我建议，一个人不管怎样，都要尽量展示自己，但是要对自己感到满意。超出他力所能及的范围是不行的。我们不仅要接受自己的优点，也要接受自己的极限，这是非常重要的。普通人和安吉丽娜·朱莉或布拉德·皮特作对比显然不合适。

如何做到最好

请你再做一次决定，再尝试一次，或许你属于已经接受了自己外表的那一类人。不管是哪种类型的人都能做出一点改变，让自己的外表看起来更好。如果你觉得自己变得更好看了，你会看到这能给你的自信心带来什么样的积极反馈。

给女性读者：

我的观点是，所有女人，除了纯粹天生就好看的人（这些人也一样），略微化点妆会更好看。不用化太浓的妆，但是至少要涂点睫毛膏，如果你是面若桃花的人，那就化点淡妆。如果你不相信自己的化妆能力，那就去问问有化妆经验的朋友，要不就去化妆品店或化妆师那里寻求帮助。很多化妆品店都提供免费的化妆指导。合适的妆容能展示一个人丰富的内心。不要担心化了妆会很引人注目或者像戴了面具一样。这种担心是不必要的，反而会阻碍你。成功的妆容只会让你更漂亮，没有别的。

去问问理发师，什么样的发型最适合你。敞开内心去听一些建议，也不要害怕改变自己的风格。大多数的理发师眼力都很好——毕竟这就是他们的工作。尽量让自己看起来整洁，特别是手和头发，当然衣服也要干净。

说到衣服，你也要咨询一下对时尚有品位的朋友，或者问问服装店售货员。很多小精品服装店的导购都比大型连锁超市或购物中心服务得更好，小店也不一定就卖得更贵。如果你有钱的话，也可以去找时尚顾问或化妆顾问。

另外也有时尚顾问不仅给苗条的女性提出建议，也会给丰满的女性一些指导。

如果你的体重超重，那试着去改变你的饮食习惯。制订一个可以改变你长期饮食习惯的现实目标，并且要做运动。如果你对吃其他东西或做运动不感兴趣，那还是穿得显瘦好看一点。很多服装店和商场都有适合肥胖人士的用品。就算你非常胖，穿好看的衣服戴漂亮首饰也会让你变得漂亮起来。勇敢去做！

给男性读者：

因为我们的时尚以及社会规则，比起女人来说，男人的服装和发型要少得多。男人可使用的化妆品也很少，因此男人改变自己的机会比女人少得多。

对男人来说衣服当然是很重要的。和女人一样，如果你觉得自己这方面不在行：去问问别人的意见——女性朋友、男性朋友或者服装店导购。

对男人来说非常重要的一点：把自己收拾干净！最主要的是胡子、头发和双手。

并且你得运动。对男人来说，好身材正好是吸引别人的好方法。

我想被百分百接受

有一位来访者对我说："我当然很想有更多的朋友，但问题是，我总想被别人百分之百接受！"这确实是很多低自尊的人遇到的问题。他们交朋友和做其他事一样，需要完完全全的安全感。一个小小的批评、一场心不在焉的对话、一次忘了生日或回电话、一个相反的立场、一条错误的评论等，都足够让他们感到被伤害了，或者被完全否定了。这让和自尊心受损的人交朋友变得很辛苦，有时候甚至不可能。有的人太容易受伤了，朋友们都无法和他正常相处。这些朋友或早或晚都会不小心踩到散布在他周围的地雷。然后不自信的人又很受伤，再次感到失望，觉得真正的友谊太难得到了。

请试着让自己明白，朋友们和你一样不完美。没有哪种关系是完美的。你总会遇到一次无意的伤害，一次误解，因为你的朋友或谈话对象都会有心不在焉的时候。如果一个人期待朋友能百分之百关注自己的需求，那可能是他把自己看得太重要了。

对很多不自信的人来说有一个根本的问题，他们一方面因为不自信而把自己看得很不重要，另一方面又因为这个原因而把自己看得太重要了。这是没有安全感自相矛盾的地方。

不自信的人常常很难信任别人，因为他们不信任自己。这是由于他们总是担心自己失望、受伤害，非常严重的是：这会让他们极度疼痛！在恋爱中，他们可能会因为害怕自己最后被抛弃，从一开始就不允许对方亲近（固定关系恐惧症）。如果你在"我能经受得住这些""我不要在意太多""我可以忍耐住"这些方面更自信一点，当你和其他人相处的时候会更轻松，也能大度地谅解他们的"过错"。

如果你是很容易受伤的人，请试着尽可能让自己意识到这一点，这样你就能及时辨认出来小的误解和自以为是的伤害。请尽量不要直接把朋友的言行认定为恶意的。想一想他指的是不是别的意思，也可以直接问问："你刚刚说的话是什么意思？"坦诚地倾听对方的回答。要记着，自己身上有着来自童年时期的慢性伤口，它很容易疼痛，而你的朋友可能根本没想说伤害你的话，或者他肯定不是有意为之的。

运用你的想象力

在这一部分我想给你们介绍几个练习，通过这些练习，你可以和自己的潜意识建立联系，从而对你的精神感受产生积极的影响。这里我要介绍的是想象练习，帮助你们和内在力量建立联系。这个练习来自催眠治疗、心理创伤治疗和神经语言程序学。这个治疗方向的功能有很多——简单来说就是通过内心想象的画面推断我们的想法和感受。我们的想象力对心理的影响非常大。就像希腊的哲学家爱比克泰德所说的，扰乱人们的不是客观事实，而是对客观事实的见解。想象和现实几乎一样有用。如果你想象非常愉快的事物，那你的感觉至少在这个短暂的时刻会受到影响。非常不开心的或悲伤的想法也一样。我们可以有针对性地运用想象力来影响内在状态。对此我为你们收集了几个可供挑选的练习。

接下来的练习你们可以进行挑选，你可以从中找一个最适合你的。如果你能将这些练习融入日常生活中就最好不过了。很多自尊心低的人疲于奔命，没有给自己的时间。你要是每天能有一点点闲心做一次内心的冥想，那么你就走出正确的一步了。

下面的这些练习可以将我们引向潜意识中。它们能触碰到一个很深的层面，因此也当然有可能让痛苦的感觉浮现在脑海中。试着带着同情心去面对这样的感觉。观察它们，但不要让自己迷失在其中。要一直重复提醒自己，这些感觉只是你内心的一部分，你以后可以处理这些感觉。如果你学过放松训练的方法，比如说自生训练或者雅各布森渐进式肌肉放松练习，在做想象练习之前先做这些训练会很有帮助。

首先要做的是让大脑对想象的画面产生信任。只在想象中进行常常是很有帮助的。给自己足够的时间。通过重复做这个练习，大脑会随着时间对它更加信任，练习会更加有效。

有时候我们得先把脑海中让我们痛苦的东西推得远远的，才能重新看得清，或者允许新的东西进来。因此我要先给你们介绍疏离练习，通过做这个练习，你能在短时间内清除让你生气或痛苦的想法，给大脑腾出一些空间出来做想象训练。接着就是加注力量。

·疏离练习

在疏离训练的帮助下，你可以在短时间内驱除脑海中痛苦的想法、担心和恐惧。

沙袋

每个人都了解这样一种愉快的感觉：通过简单的或盛大的旅游来远离日常烦恼。也就是说我们可以把烦恼丢弃在一定的距离之外。根据这样的经验，让我们来进行一个非常有效的练习：想象一下你正在开车，后备厢里有一个沙袋，它承载着你想摆脱的负担。再想象一下那个袋子上有个洞，你所开的每一千米，路上都撒下了细细的沙子。

保险柜练习

我们也可以将痛苦锁在一个保险柜里，比如不愉快的记忆或者忧虑。你可以将之想象成一部电影，把你脑海中的电影拷贝到一张DVD中，想象这张DVD正放在你面前的桌子上。再想象一个保险柜、保险箱、一个箱子，或者其他什么可以锁死的盒子。幻想一个地方，保险柜能很好地放在那里。你想象的这个地方要很容易找到。想象这个保险柜是什么样子的。绕着它走一圈，感受一下它有多密封多牢固。你的保

险柜是什么颜色的，有多大，是什么材料的？想象你站在保
险柜前，提醒自己只有你能打开或关上它。用手打开这个柜
子看看里面。它已经足够大了，还是需要加大？如果它大小
合适，就把你的DVD放进去。用合适的力度把保险柜再次关
起来。再绕着保险柜走一圈，感受一下它有多牢固多安全。
提醒自己这个东西已经被你抛弃了，但是需要的时候还能再
次把它取出来。

· 加注力量的练习

内心力量的源泉

　　这个练习可以让你找到一个"内心的地方"，在那里，你可
以加注能量和力气。闭上眼睛感受自己的内心。注意你的呼吸，
不要改变它的节奏。然后在想象中走进这个地方，在那里你真的
觉得开心。这个地方可以是你认识的地方，也可以是来自想象中
的，或者你曾看过的电影中的一个地方。只要是一个能让你散发
出力量和宁静的地方就行。大部分人会想象开阔的大自然。它也
可以是某个特定的房子，在那里你感到安全、隐蔽。重要的是这
个地方没有你认识的人，因为你和这些人或某个人的关系是会改
变的，这个练习的目的是在自己的内心创造力量，而不是来自你

和别人之间的关系，和别人的关系是不受你一个人控制的。

如果你在想象中找到了一个好地方，那么想象你正站在那里，把所有的感知都带到那里。看一看四周，听听周围的声音，闻闻那里的味道，感受你想象中脚、手和身体能触碰到的东西。然后再感受一下这个地方对你的内心产生了什么影响。它唤起了你内心怎样的力量，怎样的安宁，怎样强烈的快乐。如果你正处在这个地方给你带来的舒适状态中，那么给自己固定一个所谓的锚，锚的意思是比如说掐一下耳垂。这样在你的身体上就有一个标记了，当你在别的境况下需要这股力量时，这个标记就会让你想起这个地方。你可以简单地把这个练习运用到日常生活中。在重复做练习后，通过掐耳垂就能让你的身体和内在的力量源泉联系起来。

如果你现在所处的地方正需要这样的状态，那么就掐一下耳垂，让你的力量源泉目视化，在当下的处境中召回那种舒服的感觉。

你也可以把这个练习变成"安全地点"，在内心找到一个让你觉得非常有安全感的地方。

内心的安全地点

在做这个练习之前你要意识到，要想建造你内心的安全地带得用上所有的想象力。幻想是没有界限的。要明白让你恐惧的表象和内容都只是想象。你知道这些想象能让你多消极。而积极的幻想也一样有用。你要是喜欢仙女，就让仙女当你的帮手，或者勤劳的美因茨小子，只要是能帮你建造这个地方的就行。提醒自己用上所有的魔法手段。你可以让建筑材料从周围飞过来，并通过想象来改变色彩——所有你想要的颜色。就像前面做内在力量源泉的练习一样走向这个地方，但是这次要注意避开所有你能想到的危险。

　　你可以盖一个玻璃穹顶或者能量墙，所有能保护这个地方的东西都是好的，也是对的。你也可以随时给这个地方加东西，让它变得更安全。布置一下这里，把它弄得舒适一点，自己去做这件事。看看这个地方都有哪些颜色。有吃的喝的东西吗？你待在这里的时候温度怎么样？你的皮肤是什么感觉？这儿闻起来如何？给一切施魔法：变舒服。你环顾一下四周，找到像吸尘器或垃圾桶这样的东西。你可以把所有让你心烦的东西扔进去。不停完善这个地方，感受一下待在这里是多么舒适。一个只属于你的休养之地。感受你的身体内部，观察一下身体的哪个地方对这个安全地点的感觉最清晰。把注意力集中在身体里这种舒服的感觉上，找到在安全地点身体感到最舒畅的地方。在内心的安全地点宁静地停留片刻，然后再让你所有的注意力回到现实和现在。

以后当你的生活需要更多安全感时，你的内心就可以飞快地来到你的安全地点，再次召回这种感受。这能帮我们很快恢复心定神宁的状态。

晚上睡觉之前试着做一次这个练习。在安全地点睡觉也会恢复力量。

保护内心不被撞伤

这个练习也能帮我们感到内心更安全、受保护。

想象一下你坐在一座金字塔内。里面温暖、舒适、华丽。金字塔的外墙全部覆盖了反射材料。如果有人想从外面攻击你，他不但进不去金字塔内部，而且他的攻击最后会被反射到他自己身上。

当然你也可以想象其他形式的"保护服"，它能保护你不受外界的伤害。和外面冷了你就穿上大衣一模一样，当你离开家时，你也可以穿上内心的防护大衣，它能让你感到自己被安全地包裹着，能给你带来温暖。有的人会想象一个防弹玻璃罩，外面来的所有伤害都完全被阻挡在外了。对保护服的想象也是没有限制的。

征服的时刻

再次闭上眼睛，把注意力集中在你的呼吸上。想想那些人生中感到自己"非常棒"的时刻。在那里，你取得了非常优秀的成绩，你为自己而骄傲。你要唤醒的是自己人生中一次真实的经历，当时你确实对自己感到满意和骄傲。用你内心的所有感知去想象这个场景：形，声，色，味，触。感受你当时的成就感。让所有的骄傲和愉快充斥你的整个身心，然后找到一个适合这个情境的小动作（比如像鲍里斯·贝克尔在打了很好的来往球之后总是握起右边拳头摇摆前臂）。这个小动作就是你外在的"锚"。和前面的练习一样，你也可以把这个练习运用到日常生活当中。如果你现在确实需要这种自信的状态，那就做相应的动作，召回你"征服的时刻"。

光束练习

这个练习是运用在疼痛治疗中的，但是它对精疲力竭后的恢复和找到新能量也很有用。想一下哪种颜色是让你现在感到最舒服的。给自己一些时间和宁静，相信自己的内在感知和想象力。你可以先做一个放松训练，然后想象一下在你选的这个颜色中出现了一个光源。你只允许这束光照射在你的头顶上。让这束光流过你的脑袋、肩膀和胳膊，直到双手。紧接着，从脑袋到身体再到脚尖。或许你身体的某些部位尤其需要这束光的治愈。学着让光束流经你的身体，直到身体感到更好了。你越经常做这个练习，它就会越起作用。

拥抱内在小孩

这个练习的目的是在内心深处接受自我。闭上眼睛注意自己的呼吸，不要改变呼吸节奏。然后把自己想象成一个小女孩或小男孩。你也可以把自己想象成小婴儿。把内心的小朋友或小婴儿抱在怀中。如果这太难做到了，就牵起小朋友的手。向他保证，这个世界上有他你很开心。告诉他，你愿意做一切事情去保护他。向他解释为什么活着是美好的，给他讲述这个世界上无与伦比的事物。

找到内心的帮手

当你感到孤独和无助的时候，这个练习会很有帮助。这里用到的方法是和内在的智慧建立联系。可能这在某些读者看来有些神秘，但是就是这样，内心深处的我们懂得的东西比我们在正常状态下意识到的要多得多。这是因为我们的潜意识掌管着一个巨大的数据库，通常情况下我们的意识只提供了一小部分的信息，要不然思考完全处理不完。在这个练习当中，你可以和内心深处的认知联系起来。

再次闭上眼睛，关注自己的呼吸。在脑子里清理出一个自由发挥的空间：把你所有的日常烦恼和刺激你感观的想法从眼前除掉（或者锁进保险柜）。不过你要向自己保证，过后你还要处理那些让你烦恼的事情，但是不是现在！

做完这些以后，走上一条内心的道路，让这条路随心在潜意识里出现。顺着这条路往前走，直到不知什么时候你看到了一片异常美丽的湖。你在湖里上下浮沉。在那里，你像一条用腮呼吸的鱼一样自由自在，应付自如。这片湖代表着你的潜意识。你内心的帮手们就在湖的深处等着你。让你的潜意识找到内心的帮手。他们可以是现实中的形象，也可以以想象中的形象出现。帮手可能只有一个，重要的是不要在你的脑子里寻找它们，而是让它从你的潜意识中浮现出来。友好地和它们打招呼，和它们聊天。问问它们想在哪方面帮助你，有什么想对你说的，能给你什么样的建议。你要明白，当你需要这些帮手的时候，它们永远都会在你身边。当你们交谈得够多了，就向它们告别，并且保证你还会回来找它们，再次和它们交谈。

海上的软木塞

这个练习可以帮助你们学会信任和放手。练习非常简单：把自己想象成一个软木塞，漂在海上。如果大海对你来说太庞大了，那就想象一面湖，或者一个池塘。

试着去感恩

趋于混乱的自我感知导致人片面地沉浸在自己臆想的缺点和经历过的不幸中。差不多就是自怨自艾。他们很容易陷入阴郁的心情里，并困在其中，仔细地研究自己的无力和遇到过的不幸。当陷入这种境地时，他们就会开始抱怨。在朋友和伴侣看来，这样的人所说的痛苦其实都是毫无根据的。他们试着去安慰、去帮忙、去鼓励他。不自信的人这时会看到朋友和伴侣的优点以及长处。可是不自信的人一点也不想看到这些，认为这样的性格会让周围的人心烦。对自己不足的片面看法常常会导致一定程度上的忘恩负义。

试着带着感恩的心去评价自己的遭遇，你这个人，还有你的能力。最好在纸上把你生命中所有值得感谢的东西都列出来。也写上所有你觉得值得感谢的人的性格和优点。如果你在感恩这个话题上卡住了，那你可以先问一个你信任的人，他是怎么看你这个人的。他可能会让你想起你有高中毕业证或者读完了大学，甚至有一份稳定的工作和可观的收入。可能你会想起来，你至少有一个很好的朋友，身体上也没什么可担心的问题。或者你开车开得特别牛，你很有音乐天赋，心算能力很了不起，再或者其他什么能力。

对于"不幸"，你也可以试着从别的角度来看一次。比如说你深信自己不够聪明，那你回想一下，有没有什么事你做得足够聪明，而且很值得你感恩。根据心理学研究，在生活中，智力不是成功的保障，而坚持不懈才是，也许你应该感谢自己不聪明这样的事实，因为正是这样的情况让你拥有不一样的承受能力，并且很勤奋。如果你既不聪明也不勤奋，那你至少还能感恩自己在未来可以通过勤奋改变现状，只要你愿意。

如果你觉得自己很讨厌，那就想一想自己好的地方。想想你的身体，它没有给你带来什么痛苦。如果你生病了，还可以想想在病痛之外，生活中还有什么美好的事物。可能你有很好的朋友，很好的医生，或者你有医疗保险。你也可以想想身体除了生病的部位还有很多健康的地方，没有给你带来烦恼和疼痛。

如果你觉得自己在生活中错过了很多机会，做了很多错误的决定，那么请你感恩自己非常聪明地发现了这些过失，在未来，你还有很多机会去把事情做得更好。

大部分我们能够感恩的东西都是上天的礼物。一个口渴的人不会问有没有上等的红酒。因此把你的注意力主要放在自然而然出现的事物上——这是快乐的源泉。

总而言之：请你们记住了，怀疑自我可能会导致在一定程度上的不知感恩。感恩自己所拥有的东西，才是能带来幸福的健康态度。

我有资格过美好的生活

很多自尊心低的人都有下面的问题：他们很难允许自己去过美好的生活。他们有一种不明确的"生活罪恶感"，他们觉得"还不够好"，导致他们神经持续紧张，尽职尽责，并且坐立不安。这限制了他们对生活中美好事物的感知。另外他们还有点强迫症，他们只有在把所有事情都安排好了之后才能休息和消遣。可惜不知为何总有做不完的事情。他们是任务表的奴隶。但是就算他们当中没什么进取心的人，也就是已经听天由命的人，也很少让自己享受生活。而原因纯粹是因为他们心里认为自己还不够资格享受。

对不自信的人来说，"有资格享受"这个要求就是获得快乐最大的阻碍。这种反对自己享受的态度恰好加快了快乐蒸发的速度。自尊心太低已经给了足够的理由去不快乐，不准玩乐的禁令让不自信的人变得更糟糕了。结果就是比起自信的人，他们的心情经常很不好。这个惩罚还不够，坏心情会影响免疫力，所以他们比心情好的人更容易生病。

允许自己享受生活，简直是不自信的人为个人进步而定的戒律。因此所谓的享受治疗在一些身心医学和精神病医院里已经成了正式的治疗项目。享受需要有意识地去进行。我必须要把我的感知调整成接受的状态，去感知美好。因此在享受治疗中首先要做的就是增强感知。病人要练习有意识地去吃、闻、看、摸、听。

在转变的过程中，一开始可能会显得有些乏味。例如马丁女士，她被要求详细地描述巧克力在嘴里的感觉："呃，巧克力很甜，丝滑，在我嘴里温暖地融化……"她是这么形容的。"玫瑰闻起来很香，它的花瓣很轻柔，颜色是红色的……"另一位病人热情洋溢地说道。我忍不住觉得好笑。这个训练可以让人有意识地、充满享受地感受所有让我们的星球变得舒适的美好事物。这里重要的是自我感知的区别。这个菜到底有什么特别之处？我们怎么形容一种香味、一幅画、一种声音？试着扩大我们对美好事物的感知。

美好的印象以积极的方式和我们的大脑联系在一起，可能是我们听到的、看到的、碰到的、摸到的或者尝到的事物，这些事物让我们感到快乐。在忙碌的日常生活中和剖析自己的不足时，我们常常领会不了美好。虽然分析自我对一个人的进步是有必要的，但是我们没必要一直在心里责怪自己。将自己的注意力向外界引导，让美好的事物走进内心也是很重要的。这可以改善我们的心情，而心情对看事物的角度有非常大的影响。你们也常有这种体验：比起心情压抑，心情好的时候你会觉得自己的问题小得多。心情愉悦的那天，你对自己和周围人的态度也会好很多。因此你应该把对自己好看成个人义务。

享受需要时间。开始有意识地把你的生活变得缓慢一点。要是你认为比起自我享受你还有很多职责要去履行，那请你想一想，到现在为止，你也花了很多时间绕着自己转，去做自己的日常事务以及赢得自我认可。享受使人放松，懂得享受的人在交际中更友好大度。如果你把享受穿插进日常生活中则会更好。你可以通过有区别地感受自己周围美好的事物来训练自己。打开你的感官世界。此外你可以，也应该积极地把自己的生活环境变得更美好。在书桌上摆一束花；穿漂亮的衣服；和朋友们聚餐；精心地挑选你的肥皂。有很多小方法可以给我们的日常生活带来更多的快乐。生活也可以很轻松！

睁大眼睛看世界

　　不自信的人有过度关注自己的危险。他们常常审视评价自己，因此会把目光更多地放到自己身上，而不是去看这个世界。所以他们会忽视很多东西。而且把注意力集中在自己的恐惧和不足上，必然会导致将问题看得更严重了。这会形成一个恶性循环，他们对痛苦的关注也同样更多。这和身体上的疼痛是一样的：我对它越关注，越疼得厉害。因此做疼痛治疗的病人也会接受这方面的指导，学着把注意力从疼痛的地方转移开。

　　反思自己不等于持续担心自己。一切都是顺其自然的。如果你对自己和自身的问题过度纠结，那就试试给自己定一个期限。你可以允许自己每天有半个小时的时间专心反思自己，然后把剩下的时间都用于你的任务，你身边的人以及外面的世界。试着把注意力放在事物本身和周围的人身上。和自信的人相比，不自信的人常常会"分屏"，他们一边做着手头上的事情，心里还一边琢磨着别的东西。不自信的人在和别人接触时更会给人留下这样的印象——他们同时想着谈话对象和自己。他们对谈话对象的注意力必然会因此丢失一部分，人的思维不能同时用在两件事情上。

　　心理学家把这种对自己内在的聚焦称为"自我监控"，指的是像心里有一台摄像机在拍自己一样。一个人有意识地拿起镜头并对准四周的环境，能让他感到轻松一点。把注意力从自己身上转移到外界也是这样的。因此我们可以把紧张的恐惧感以健康的方式分散开，然后把我们对世界的感知打开。感知能充实我们的认知和经验。就像我在前面写过的，有意识的感知能让我们变快乐。当我们着眼于外在世界时，必然就不会再那么以自我为中心。试着让自己明白，外面的世界比内心的纠结要有趣很多。

第八章

沟通

勇敢敞开心扉，改变生活

如果你想改善你的自尊心，那最好放下防御，对自己诚实。你活在错觉当中，以为筑起一道墙可以保护自己，但是它给你带来的问题要比好处多得多。可能直到成年，我们还会为了被喜爱、被接受而迎合和满足父母对你的期望。或者你更属于冲动防卫的人，不怎么接受别人的意见，并且反抗周围人对你的期望。属于这两种情况的人都很难友好地用合适的语言去维护自己。如果你能做到开放和直白地和其他人说话，那你的生活将会发生改变，这对你的自信心有着巨大的作用。

说出来

到目前为止你们应该清楚了，不自信的人最大的问题之一就是常常不敢公开表达自己的意见、心愿和感受。他们总是害怕得罪人。在和我的来访者谈话时我也总能注意到，很多不自信的人虽然有话想说，但是最终什么都没说，很多时候，他们完全意识不到自己在某个特定的场合还可以说点什么。保留自己的意见、不干涉事情，然后满足别人的要求，这些对很多人来说是理所当然的，但他们从来就没有过开口说话的想法。有很多次我都会非常吃惊地问来访者："为什么你当时什么都没说？"结果往往表明，很多这样的人完全就没有领会到他是可以或者被允许说话的。在内心深处，他们畏惧强势的人，从而失去了自我表达的冲动。不自信的人中，"老虎"那一类则相反，他们常常自我防御，但是太有攻击性了，还经常是因为一些无关紧要的小事。随便一点评价就能让他们大发雷霆，但是对自己真正重要的东西，需要他们真诚地敞开心扉时，他们又不敢说出来。

我们怎么才能克服这种恐惧呢？我的答案：做更有意义的事。看看这个例子：有个人为了救落水的孩子从桥上跳下去了。这个人在跳水之前不害怕吗？估计是害怕的。但是他因为一件更有意义的事情克服了恐惧。他冒着自己的生命危险去做更有价值的事情。

这和你的恐惧有什么关系呢？答案：当你选择保留你的意见，你的愿望，你的恐惧，你的需求，你的愤怒和不愉快时，你身边的人就失去了机会。你以为这保护了自己——但却不是真的，你阻碍了比自我保护更有价值的东西，它们可能是：

公正——只要和你相处的人不明白你心里在想什么，那他就没有机会公正地对待你。例如安娜生贝尔恩德的气了，并且没有对贝尔恩德说出来，那贝尔恩德就没机会解释可能产生的误会，让安娜理解他在这个处境下的观点，改变他的行为举止，向安娜道歉。如果贝尔恩德完全没有认识到自己惹安娜生气了，就经常做这件事，然后安娜对贝尔恩德的怒气就会堆积。安娜可能会因此在心里默默积攒着对贝尔恩德的恼怒，比起及时开诚布公地说出问题，这样会让他们的关系变得更加不堪重负。贝尔恩德也从来没有过机会。

坦诚——比自我保护更有价值的另一样东西就是坦诚。如果我在重要的事情上对身边的人隐瞒想法，那我就不坦诚了。"我只想想我的意见就行了"这样的措辞就很不坦诚。有的情况下只在心里想想确实更合适，比如以你的执行能力很难做到，或者客观上把握不大的时候。但是通常情况下不坦诚肯定都是因为胆怯。

比如安娜认为贝尔恩德总是说自己的问题，很少关心她的事情。她却不对贝尔恩德说出来，而是减少和贝尔恩德的联系。为什么她不坦诚地对贝尔恩德说出来呢？她有时候希望贝尔恩德能更多地问问她。或者为什么安娜不直接说出她的问题，不用贝尔恩德接着追问她？贝尔恩德的想法可能是，如果安娜想说自己的事情，她肯定会这么做的。贝尔恩德也可能在安娜坦诚地表达以后对她说："你说得对，我现在沉浸在自己的问题当中，确实对你问得太少了。对不起。我会改掉的！"安娜和贝尔恩德之间的关系就会因为他们的坦诚相待而和好如初，甚至可能变得更亲密了。而安娜沉默的撤退只会让他们之间的距离变得更远。

见义勇为——皮特常说一些非常贬低妻子的话，这让诺贝特很反感，他认为皮特的妻子人十分好，不应该被贬损。但是他什么都没说，因为他认为自己不应该掺和别人夫妻间的事。"不想掺和"体现了诺贝特缺乏维护不公的勇气。事实上诺贝特不愿意说出自己的想法，只是因为他害怕皮特怪罪他。在这种情况下我要强调，我们一定得表态。通常情况下，当你维护自己认为对的事情或者为别人撑腰时，你既不会失去你的生命，也不会失去你的工作。

友谊——朋友是值得一个人克服自己的恐惧，坦诚相待的。这也是让友谊长存最好的办法。一份多年的亲密友谊可能会有一方没有理解另一方的时候。和对好朋友说出问题相比，什么都不说会加重友谊的负担。另外，好朋友也应该有资格指出你的不对。如果好朋友们都不指出你的缺点，还能有谁呢？如果一个好朋友直指你的缺点或者话说得有点难听了，你当然会感到不舒服。但是好朋友不说，还有谁会说呢？

如果有人开诚布公地对不自信的人说了什么话，那他通常会过度地夸大对自己的愤怒。如果不自信的人能勇敢一点，他们会感到惊讶，自己在周围人看来多么积极多么受欢迎，而恐惧大部分都是想象中的恐惧。

因此，不自信的人到处都能获得这样的体验，当他们说出自己的观点时，他们会感到更自信。

维护自己和他人是提高自尊心非常重要的一步。这是因为自尊心低的人能越来越多地感受到他可以对自己和他人的生活产生影响。当他开口维护自己时，无助的感觉就会消失。

当然这也要看我们怎么组织语言。不自信的人自然很少练习过怎么表达观点，因此他们有时候很难找到合适的语言。所以接下来我要给你们一些建议，关于怎么表达问题，不仅要表达清楚，还要不给他人带来不必要的伤害。

最好这样说

接下来的部分我想给你们提几个建议，关于如何最好地表达可能出现的矛盾冲突。但是我仅局限于几个重要的基础。

　　比说话技巧更重要的是我们的内心对坐在对面的人是什么态度。我们的目标是"解释与和平"，而不是"胜利或失败"。主要是取得共识，而不是取得优势。

　　重要的是，你不仅要让自己的诉求得到理解，也要让对方的需求和可能出现的缺点得到理解。你要避免让自己变得妖魔化，即使你已经非常生气了。"很难对付"的人，比如冷酷的人，喜怒无常的人或者不公正的人，其实都是一段悲剧的生活经历把他们变成了这样。没有人是邪恶地来到这个世界的，也很少有人真正想变得"邪恶"。试着去理解自己和对方。

　　我不断地体会到，不自信的人其实不是缺乏语言能力，而是顾虑阻碍了他们的思想。当一个不自信的人内心处在放松的状态时，他们想表达的所有句子和论据都能脱口而出。所以别再担心你必须特别能说会道。你是优雅地表达还是说得磕磕巴巴都不重要。你不需要像给电影配音一样说话。尽量简单准确地用客观的言语去表达你想说的。别害怕你的"登场"，而是着眼于你的目标。目标是：我想把一件事情表达清楚，也想倾听并且理解我对面的人对此有什么想说的。

　　案例：

　　英格有一个女同事总爱发表一些挖苦人的评论，这让英格很受伤。这些评论大部分都无关痛痒，每次刺痛英格的都是她的语言。每当这个时候，英格都找不到一个合适的回答。在这位同事再次挖苦英格时，英格回应道："请停下这样的侮辱。您这是在往工作气氛里投毒啊。"这是个非常明确的表达。同时英格也放弃了继续"回击"，因为她不想再影响同事关系，也不想发动"战争"。她只是直截了当地说了她想说的意思。可是这位同事对此这样回答："哎呀，别这么敏感嘛。我完全不是这个意思。"现在英格有可能再次说不出话来。这正是不自信的人最害怕的场景：他说了话——对方给出了回应，但是后来他就说不上来话了。

现在的诀窍是，不要因为害怕而被对方的气势阻碍了，而应该停留在客观事实上。再说一遍，但不用针锋相对。想努力做到针锋相对、对答如流，反而会阻碍你的思想。英格可以这样回应：我可能是有点敏感，但是如果你说话的时候能注意一点那就最好不过了，这样我们就能更好地互相理解；我完全不认为自己敏感，如果你不是这么想的就别这么说。你看，我就是这个意思。我已经拜托过你停止个人伤害，但是你又开始指责我敏感了。请你把事情变得简单一点。

这些回应没有哪个是风趣的或善辩的，但是每一句都能准确地表达英格想说的话。英格只是选择就事论事，没有陷入恐慌感中。她努力把注意力集中在谈话内容上，而不是针对她的同事。另外一个对她很有帮助的想法是，她不用立刻给出回复。如果她一时不知道自己该说什么，也可以一个小时、一天或者一周以后再去对同事说这件事情。在大部分情况下，你都不用给自己施加时间压力。如果英格一个星期之后才去找她的同事也没什么问题，她可能会说："你知道吗，你前几天说我敏感，我又在脑子里想了一遍。其实你这样说又伤害到我一次。以后请你不要再这样做了。如果我们能互相体谅，相处起来肯定会更轻松。"很多自尊心低的人认为，要是他们没有当场直接回答，他们就错失了自我维护的权利。这都是不正确的。一段时间之后再次拾起错过的机会完全是合法的。

我说过了，我们也应该试着去理解对方。我们还是举上面的例子。为什么英格的同事会做出类似的评价？在英格看来，同事可能不喜欢她。英格觉得自己一直就属于容易遭到拒绝而不是讨喜的人。和大部分自尊心低的人一样，英格因为这个自我评价感到相当自卑。事实上英格属于很受周围人喜爱的那种人。在办公室里，她是个受欢迎的同事。有可能同事因此有点嫉妒她。也有可能这个同事在私人生活上有很多烦恼，不自觉地把愤怒发泄在别人身上。这个同事还可能天生就是个没心没肺的人，她对别人敏感的事物没什么眼力见儿。但是也可能是英格确实做了什么事情让同事觉得反感了。因为这个同事自己就是个怕引起冲突的人，她不敢开诚布公地说出来，而是选择含沙射影的方式表达。我们有很多种理解方式。

不管怎么样，英格可以直接去问一下同事为什么要说话这么刻薄，然后试着把她们的关系摆到明面上来。比如英格可以这样说："我注意到你经常对我说话刻薄，这让我很受伤。我想问问为什么你为什么会这样做？"同事可能接着这样回答："你说得对，我有时候确实有点太刻薄了。我只是常有这样的感觉，你没有正确认识到我为你分担了多少次工作。"然后他们可以再就此事讨论一下，双方都尽力去体谅对方。

我再总结一下：不要把你对面的人看作一个强势的、残酷的人，而是把他看成和你一样的人，他也有自己的优点和缺点。然后你就不要再"维护正义"了，应该努力达成共识，平等地看彼此。专注于你想说的话，而不是你的表达技巧。把注意力放在谈话上，并且你要敞开心扉聆听对方，虚心接受对方。倾听对方所说的话，有可能是你把事情会错意了。这也没那么糟糕。你的目标就是解释清楚。如果你坦诚地倾听了对方的解释，发现了你以为的原因是错误的，那就向和你引发冲突的人承认错误。一切都会好的。

"我"的句式

尽可能平和地说某个话题的另一个方法就是使用所谓"我"的句式。这是一个很简单的基本原理，在所有关于沟通的讨论课和书中都有介绍。一个"我"的句式可以是这样的：用"我等了你很长时间"来代替"你非得每次都迟到吗"。"我"的句式是折中调和的，因此它没有直接指责或刺激到冲突的另一方。而"你"的句式则大多隐含着责备，这往往会引起对方冲动地为自己辩驳，谈话很快就会恶化成互相指责和争吵。

在"我"的句式中，当事人明确说出了自己的感受，导致了他心里形成了某种态度。这样的话另一方就会请求他的理解和体谅。比如A这样说："当我跟你说很重要的事情的时候，你在一旁翻看报纸，这让我觉得受伤。"比起他听到的是："你从来都不听我说话！"这么说的话B听到后的反应肯定更好，B如果听到后面的话可能会觉得受攻击了，然后表达一些自我辩驳的话，接着A又觉得他有必要证明对B的指责是应该的，比如通过翻B的旧账。接着就是一场不必要的争吵。总之当你想表达某种意思时，试着尽量从自己说起。

认识你自己的问题

　　和不自信的人相处有一个特别棘手的问题，那就是他们因为自卑感和不安全感而倾向于把自己的缺点转移到别人身上。还记得健身房的苏珊娜吧，因为自卑，她嫉妒乔安娜。在你表达一个可能存在的矛盾之前，先试着找一找自己有没有什么问题，你是否有可能对对方有什么错误的认识。很多不自信的人容易片面消极地去理解对方的言行。他们非常容易误会别人。之所以这样，是因为他们易受伤和自卑。尤其是面对占优势或者非常强势的人时，他们很容易做出非常不公的评价。

　　案例：

　　维维安和卡门是一对好闺密。维维安很欣赏她漂亮独立的闺密，同时她觉得比起卡门，她更依赖这份友谊。因此有时候维维安会附和卡门。当维维安有不同意见时，她不敢真正地反驳卡门。她心里把卡门捧得有点高。可惜把一个人捧得太高的问题是，她会掉下来。卡门和所有人一样有她的优点和缺点。卡门的一个缺点是，她喜欢在聚会上喝得烂醉。在维维安眼里，卡门清醒时是个放得开的人，喝多了会有些行为错乱。这让维维安相当尴尬，但是她没有对卡门说过。因为维维安不敢指责

卡门。卡门微醉的时候会口无遮拦。前几天卡门让维维安非常
尴尬，因为她当着维维安的面向维维安喜欢的人说，她闺密很
容易害羞。这件事让维维安对卡门很不满。

在维维安看来，卡门总是给她带来这样的噩梦。卡门高高
在上的宝座开始摇晃。维维安没有对卡门说什么，而是对她的
另一个朋友安雅说了卡门的事。她对安雅说了她们之间经历的
尴尬的事，还有她常常对卡门的感觉。安雅很能理解维维安，
并且站在她这边。维维安越来越"认识"到，她要从卡门的
"支配"中逃脱。维维安在心里记了本账，在哪些场合下卡门对
她强势了，或者让她陷入尴尬的境地了。但是，卡门还一直是
她最好的朋友。在深思熟虑之后，维维安觉得她最好还是坦诚
地跟卡门聊一聊。维维安一直没有开诚布公地谈话，她在心里
把卡门的罪状列了一大堆，再加上维维安在心里积攒了很多怒
气，尤其成问题的是维维安没有意识到自己的过错，维维安不
敢说出自己的想法是她自己的错，不是卡门的错。另外维维安
因为她的不自信变得很敏感。

客观地说，卡门对维维安喜欢的人说她很容易害羞根本不
是什么严重的事。相反的是，卡门是想鼓励那个男生主动一点，
尤其是在她看来这个男生对维维安也感兴趣。卡门这样做是好
意的。如果卡门偶尔有些口无遮拦，维维安为她的朋友而感到

羞耻，那完全是维维安自己的问题。但是这不等于卡门做的都不对，或者有时候维维安对卡门的评价确实没那么夸张。详细地说就是维维安要理解她没有意识到自己的问题。当维维安最后把她的评定对卡门说了，并且还拿几年前发生的事情当"证据"，卡门会听得一头雾水。维维安说的事情太多了，卡门觉得很多维维安指责她的地方是不对的，她根本就是无辜的。卡门努力在谈话中表达她对这些事情的看法，并且试着去解释。而这又导致了维维安的另一个错误看法，她认为对卡门说这些东西"毫无意义"，因为卡门"总认为自己是对的"，而且卡门接受不了别人的批评。通过这次"沟通谈话"，维维安更加认为卡门太强势了。因为缺乏自我反省，维维安把卡门越推越远。

维维安的例子向我们展示了，并不是所有问题都能通过开诚布公的谈话来解决。要尽量先把自己的问题找出来，这样，当我们把自己的责任往别人身上推卸的时候也能分辨得清。不是每一次批评都是有道理的。我希望你们在读完这本书后能培养出灵敏的嗅觉，能够发现自己的不足之处。当你认为对方虚伪的时候，你要格外得小心谨慎，因为正是这种情绪让你的认知扭曲，不仅像例子中的维维安一样，还有可能变成我在前面写过的软件开发员阿希姆那样。

尽可能试着真诚地对待别人。问问自己下面的问题：这个男人或女人真有那么不好吗？还是我不知出于哪种原因嫉妒他或她？是这个人真的很强势，还是我自己不会表达心里所想的？这个人真的很傲慢吗？还是我的自我怀疑让我这么以为的？重要的是你要给别人一个开口解释的机会。认真听一听他想说什么，并且试着站在他的角度去理解。所以当卡门对维维安回答说她没有理解维维安的想法时，卡门没有说错。但是维维安没有站在卡门的角度去看问题，在朋友安雅的支持下，她只站在自己的角度让事情就那么过去了，没有给过卡门任何机会。

不要钻牛角尖！重要的是理由

现在我想从另一方面再来看看"化解矛盾"这个问题。在上面的例子中维维安不是正确的那一方，因为她没有反省到自己的那部分问题。不仅不自信的人会这样，自信的人有时也会如此。不自信的人常常自我怀疑，不知道他们到底有没有资格去表达，也不知道自己看问题的方式到底对不对。不自信的人要坚持自己的立场时，会非常纠结。所以他们常常很爱钻牛角尖。我认为这主要是思维逻辑上的错误：重要的不是对不对，而是有没有道理！我再提醒一次，输赢不重要，为的是达成理解和共识。

　　由于害怕陷入低人一等的位置，很多不自信的人往往把注意力集中在恐惧感上，而不去思考如何坚持自己的立场。比如我，斯蒂芬妮·斯塔尔，想坚持自己的观点，那我就给自己找论据。我会一直坚持我的立场，直到有人用一个更好的理由反驳了我。如果是这样的情况，那我会说：你做得对！就这么简单。如果我认为这个人说的更有道理，我绝对不会打断他说话。我觉得说错了没什么大不了的。我想继续就事论事。如果这个人没有比我说的更有道理，当然我也不会钻牛角尖。我仍会保留我的看法。对方虽然知道自己的论据不足，但是依然坚持立场，那大多数情况下还是有很多机会停下来的——"就这么着吧"。

　　如果你不确定自己应不应该去维护某个观点，那请你思考一下，你要为你的观点说什么理由。可能当你在思考自己的论据的时候，也会想到一个反驳这个论据的理由，那你就再重新思考一下，想想自己的观点有没有要改进的地方。做完了这个分析，再说话。如果谈话对象给出了你自己没想到的理由，你被劝服了，那就对他表示赞同。要是你感到不确定，就告诉他你还要再想一想。如果对方没有拿出更好的理由来，你就坚持自己的立场。

案例：

克莉丝汀娜经常对男友贝尔恩德感到恼火，因为他经常没准点，常常迟到。克莉丝汀娜却想提前规划一下他们的业余时间表。她不希望在星期五下午才知道星期五晚上他们有没有时间见面。她也经常和贝尔恩德说这件事。贝尔恩德对此有异议，因为他的工作没办法制订一个长期计划，他常常要临时处理供货和客户的需求。除此之外，在贝尔恩德的生活中本来就不合适有长远的安排，他更喜欢临时约定和行动。两个人这时就有了矛盾：克莉丝汀娜的需求是提前安排和计划，而贝尔恩德想要自由和随性一点。克莉丝汀娜不确定自己有没有资格要求贝尔恩德做更多确定的计划——毕竟她不能指望贝尔恩德习惯她那样的生活方式。而且比起克莉丝汀娜，是否规划未来对贝尔恩德来说显然没那么重要。克莉丝汀娜觉得贝尔恩德不像她那么看重这份感情。所以她也害怕给贝尔恩德施加太多压力了，怕贝尔恩德会离开她。

另外她发觉自己才是为贝尔恩德的自由付出代价的人。当她等贝尔恩德的时候她会非常生气。有这个时间，她还不如做好别的事情。如果贝尔恩德非常突然地跟克莉丝汀娜说星期五晚上没办法跟她见面了，大部分情况下她在那么短的时间里也约不到别人出去玩，只能整晚在家无所事事，而且最糟糕的是，她虽然很想念贝尔恩德，但也很生他的气。除此之外，贝尔恩德的约会方式还导致了克莉丝汀娜每次都得把晚上的时间尽量空出来，所以她觉得她已经不能为自己的日程安排做主了。

在克莉丝汀娜的心理治疗中，我请她列举了她要求贝尔恩德更有时间观念的所有理由。想了一会儿之后她找到下面的几个理由：第一，可靠和守时是对他人表示尊重的行为。贝尔恩德更好地安排自己的时间，不让我等他，这是他的责任。让我等待，让我为贝尔恩德的生活方式付出代价是不对的。第二，恋爱关系意味着付出和接受。当贝尔恩德对自由随性的需求完全优先于我对安排和计划的需求时，他希望我能百分百地适应他的需求。他可以做出一点点妥协，考虑一下我的需求。

通过思考，克莉丝汀娜觉得应该坚持自己的立场。她想明白了，到现在为止，一直都是贝尔恩德的约会规则说了算，而克莉丝汀娜只是去迎合他的规则。她突然认识到，和贝尔恩德想要随性自由一样，自己也一样有资格追求安排和计划。在和贝尔恩德进行谈话时，他没有更好的理由来反驳克莉丝汀娜。因此克莉丝汀娜保留了自己的观点。他们最后达成了很好的谅解。

不瞒你们说，克莉丝汀娜和贝尔恩德的谈话还可能有另一个结果。在贝尔恩德的恐惧背后还隐藏着一个很深的恋爱关系问题。在这些事实面前，他可能坚持己见或者口是心非地做出妥协的样子。这样的话，就算克莉丝汀娜有很好的理由，一切还会保持老样子。我们说了事实，并且有很好的理由，这还远不等于一定就会成功。最后我们并没有对其他人产生什么直接的影响。唯一能被直接影响到的人是我们自己。但是，在这个情况下，为了改善她和贝尔恩德的关系，克莉丝汀娜承担了所有责任。这是最重要的。贝尔恩德能不能理解接受，这就不是克莉丝汀娜的责任了。这是个非常重要的认知，很多低自尊心的人常想：反正也改变不了什么！一方面这个想法是错误的，而且常常影响人的表达，另一方面，担心能不能有成效不一定就要引导我们的行为。引导行为的应该是这样的思考：想改善一个处境并且正确地去处理，我在自己的责任范围之内能做什么？

现在我想继续深入谈谈克莉丝汀娜的恐惧，她怕过多要求贝尔恩德让他压力太大，而因此把他推走了。这种顾虑是合理的——像贝尔恩德这样有固定关系恐惧症的人，如果让他们承担更多的责任，他们的反应常常就是逃跑。对此我的看法是：宁愿因为恐惧而终结，也不要没有终结的恐惧。贝尔恩德的行为方式让克莉丝汀娜不开心，她会问自己，这样的恋爱关系能走得长远吗？把潜在的矛盾隐藏起来没有任何好处，因为这样矛盾必然会越来越多。

坦诚地去沟通当然能让一些真实的问题更快地摆到明面上——比如这里贝尔恩德有安排计划的问题和固定关系的问题。如果克莉丝汀娜什么都不说，恋爱关系可能很快就会变得更让人痛苦。但是，从长远的角度看，在这些状况下，克莉丝汀娜和贝尔恩德的恋爱关系注定会失败。然后克莉丝汀娜可能就会做出一些合理的指责：为什么我过了这么多年才看清了贝尔恩德？为什么我不早点反抗或者结束关系？总之，克莉丝汀娜和贝尔恩德不幸的恋爱关系和她的沉默有很大的关系。

害怕明确地说出自己的需求和心愿会给别人带来压力，并且可能还会把他或她吓跑，这样的担心几乎每个人都熟悉。对我来说也不陌生。这里涉及的是：我们这样做有哪些理由？

第一，我很实际，也说得很明白。我为自己的判断承担责任，谁也不会打破我的脑袋。

第二，我保持公平，如果我说了什么，也要给别人修复关系的机会。在我看来，对此妥协或屈服绝对可以是解决问题的办法，尤其是当我在谈话中认识到我的看法可能太片面或者错误的时候。

第三，通常情况下沉默解决不了矛盾，问题一般会变得更尖锐。从长远来看，关系会更加恶化。大多数时候，敞开心扉说话能够使关系变得更缓和。

　　第四，如果关系已经差到敞开心扉说话也不能缓和了，那至少还能更快地把隐藏在深处的问题和问题的严重性摆到明面上。

　　每个人都有过这样的经验，被不公平地攻击了，也不能为自己辩护，因为攻击他的人就是不同意他说的话，而是固执地坚持自己的理由。这是愚昧的一种形式，会导致受到这种伤害的人产生软弱无能的感觉和无助感。针对我们怎样才能处理好类似的情况，我会在后面的内容做出解释。

我这是敞开心扉还是爱发牢骚

　　我们都见过这样的人，他们不停地表达看法和需求，说得让人非常心烦。现在肯定有一些读者想问，健康的表达自我和烦人的发牢骚之间的界限在哪里？区别在于爱发牢骚的人只能看见自己。他们的感知是以自我为中心的——他们感受不到周围人的需求，只是在自己的事情中挣扎。而一个自尊心强的人则能设身处地地为周围人着想，感受他们的需求。因此在前面我也写了，双方都要去理解是很重要的。做完"表达自我训练"的人回来以后突然开始只说自己和自己的需求，也会让我觉得很心烦。以这样的状态去跟人说话绝对不是我所提倡的。我也不觉得我们遇到的每个问题都值得展开一场讨论。正好相反：有些小问题我们可以直接跳过去。要花时间去说的是那些让我们积攒了怒气的，或者那些我们确定是非常重要的东西。只要你也留心对方的见解，你就不是在发牢骚。

如果再好的理由都没用了

在这部分我想说一说这种情况：和你谈话的人完全不想理解你说的话，而你也因此感觉自己像在对牛弹琴。在这样的情境下，就算你有最好的理由，并且完全正确，但你还是在做无望的反抗。你会觉得自己很无助，理解不了当时的情况。你不停地从头开始解释，可能偏执地疯狂辩解。在这种处境下，糟糕的是你的理由和对方的理解根本不是重点，重点是对方就是想让你难堪。

案例：

约纳斯（41岁）在家里是最小的，上面有三个姐姐。他常常感到自己被三个姐姐支配着。姐姐和约纳斯的母亲都是很强势的人。这使得约纳斯在面对自信强大的女性的时候感到矛盾。一方面他被这样的女性吸引着，很欣赏她们；另一方面，在她们面前约纳斯总会再次陷入童年时期的自卑情绪之中。约纳斯却没有意识到这一切，他完全不了解自己。结果约纳斯在面对强大的女性的时候也无意识地想表现出更强大的样子。工作时，他会和女性同事产生非常大的矛盾，因为他在女同事面前非常好为人师，自以为是，而且相当傲慢。由于缺乏团队意识，他已经丢了好几份工作，这让他本来就受损的自信心变得更少了。

约纳斯有一个认识多年关系很好的女性朋友叫施特拉。施特拉很有魅力，事业上也很成功，她虽然不是个很自信的人，但是一般情况下看不出来。出于这个原因，她有点嫉妒那些没遇到过什么不幸的人。有一天施特拉和尼古拉（她与约纳斯的共同熟人）直接产生了一个挺不愉快的矛盾。施特拉是个很公正的人，她试图保持客观，想办法解决矛盾，但是无论她说什么，都像对牛弹琴，因为尼古拉觉得施特拉处于劣势地位。尼古拉没有认真听施特拉说话，只把注意力集中在她认为的"事实"上。

约纳斯偶然在街上遇到了尼古拉，尼古拉添油加醋地把发生的事情对他说了一遍。当约纳斯再次和施特拉碰面的时候，他质问了施特拉这件事情。施特拉很努力地想把事情纠正过来，她不仅有着很清晰的理由，甚至还有证据，因为这个矛盾很重要的一部分是通过发邮件来进行的，通过邮件，她可以证明谁

在什么时候说了什么样的话。在整个谈话期间，约纳斯都抱着
胳膊耷拉着嘴角带着怀疑的眼光坐在施特拉面前。施特拉不停
地说啊说，但是约纳斯一点也不相信施特拉的话。所以施特拉
建议他还是看看邮件。约纳斯却用了一个傲慢的手势拒绝施特
拉。施特拉继续说啊说。她以为约纳斯会是个很好的朋友，愿
意做出一个客观的判断。她错误地以为自己有这个机会。约纳
斯却享受着审判的乐趣，施特拉变得越来越激动。看到自己事
业成功的“朋友”这么焦躁不安，约纳斯觉得很开心。现在他
好好整了一下施特拉（代表了约纳斯的母亲和姐姐们）。

　　施特拉犯了一个错，她受约纳斯固执而片面的影响太深
了。她无意中掉进了约纳斯的力量对比当中。施特拉要是够聪
明的话，就应该把谈话缩到很短。她从一开始就注意到了约
纳斯已经站在了尼古拉的那一边，要是这样对约纳斯说会更
好：“好吧，其实我根本不应该为自己辩护什么，但是我可以
从我的角度把这个事情再向你准确描述一遍。这件事根本就不
值得我再去生气。”在她说完自己的版本之后，她可以对约纳
斯的否定态度轻描淡写地说：“我觉得试图通过讲道理来让你
相信我根本没有意义。你显然不会相信的。”她不应该再说激
怒约纳斯的话了。

　　可惜很多时候在谈话过程中事情本身是怎样的根本不重要，重要的是谈话对象身上携带的潜意识或者无意识的内心矛盾在别人身上投射出来了。就像约纳斯把他对强大女人的原则性问题投射到施特拉身上一样。即使我们认为这个谈话对象，比如说是个很好的朋友，很善解人意，他也可能会对这种情况做出错误的评判。我们错误地以为别人愿意理解我们，因为实际情况已经很明显了，然后我们唠唠叨叨说个没完。不自信的人在这样的情况下会产生"危机"，因为对方偏执而片面的否定会让他们怀疑自己的正当性，因此越来越想得到对方的肯定。

　　我怎么才能及时看清这样走偏的情况呢？如果你有很好的理由甚至有证明，而对方不怎么想接受你的理由——他不是无视你的理由，就是他觉得你的理由没说到点子上，事情有很可疑的地方。谈话气氛也是个很好的暗示。谈话对象如果持否定的态度，那在大部分情况下他整个人会显得有点暴躁，潜意识里带着敌意。很常见的就是像约纳斯那样抱着胳膊耷拉着嘴角坐在施特拉面前。通常情况下你可以感觉到对方不是你的朋友——至少在这个情况下不是。

　　另外，你还可以看看对方是不是有偏见，或者你可以注意一下他有没有给出具体的反对理由，确实能驳倒你的理由。如果他不是这样，而是以很笼统的表述为依据，那你可以放心坚持自己的立场。但是请你简短地表达，你也可以直接结束谈话。在这种情况下，你要展示出自己的强势。这虽然会让人感到不悦，因为我们在谈话的时候是想表达的，不想被打断，但是如果对方是毫无约束地跟你比较力量，有意让你难堪，那除了这个办法我看不到别的可能。

另一种办法可能马歇尔·卢森堡看到了，他提出了一个非常好的沟通方式，被称为"非暴力沟通"。我觉得他的解释很有趣。但是在我看来这个沟通方式有不足的地方，要想用这种方式，我们不是要在心理和修辞上很有天赋，就是得练习很久。总之，我从来没有想到像卢森堡先生这么好的答案。像我们这样只能用普通语言的或者有点懒的人，除了画个句号就没有什么别的选择了。

关于"敏捷地应答"我再说几句

在前面的有些地方我已经说过了，你不必努力做到针锋相对、敏捷地应答，而应该把注意力集中在要说的事情上。这也是正确的，因为这样能分散你对自己和恐惧的注意力，引导你去完成任务。但是在有些场合，如果能信手拈来一个机智的回复还是会让人轻松很多。不自信给人带来的问题是无助感。因此我一直强调，要想克服这种状态，最重要的是提高自己的执行力。在这个意义上说，针锋相对能让人觉得是可以自我保护的。

总有一些情境让我们无言以对，因为对方实在太无礼了。这时的重点不是怎么表达自己的立场与合理的需求，而是让你感到突然被攻击了的处境。这种情况下我们要区分两种情况：第一种是没有恶意的，只是一种善意的，好心的讽刺。第二种则是令人难受的，这种情况是因为对方傲慢自大，真的在伤害你。如果在这两种情况下我们都能对答如流，是很值得开心的。然而不自信的人在这两种情况下思维都很容易受到限制。

敏捷应对的策略在于，我们不要给对方所说的每句话都找一个完全相反的新说法。这个要求太高了，只有很少的人能做到这点，他们几乎都有很高的辩论天赋，属于异类。对答如流的技巧就是我们要先学会好几种回答的策略，在很多情况下，我们就能不假思索地灵活运用它们，不用每次都即兴想出新的应答。作家马蒂亚斯·诺尔可在他很值得一读的书《针锋相对》中表示，我们一定要开口说话，而不是默默无言，忍受自己被语言攻击的羞耻感，这很重要。不论怎样的答复都比什么都不做只感到无助要好。因此马蒂亚斯·诺尔可给我们推荐了一些应答的模板。应答模版是一些已经准备好的句子，它们总能适用于某些情况。把想到的应答模版整合在一起，你就能在一些受到语言攻击的场合脱口而出地反驳回去。比如你可以用下面的模板来应答"你到底是有多蠢啊"这样的语言攻击，不管说的人是认真的还是开玩笑的，这些话你几乎可以用来对付任何一种语言攻击：

· 你刚刚说的我完全没有听懂。根本进不到我脑子里。

· 对此我无话可说，关于怎么跟人针锋相对我才学到第三课。

· 你能把这句话倒过来说吗？

· 我这是物以类聚、人以群分啊。

· 刚刚有人说了什么吗？

一些引用语也可以是很有用的应答模版。比如，默克尔的这句话也适用于很多场合："重要的是最后会出现什么结果。"足球教练阿尔弗雷德·普雷斯勒说过的一句话也很好："所有的理论都很苍白，决定性的是在球场上怎么踢！""如果我想听您的看法我会通知您的。"来自一位很有名的电影制片人。

还有一个又简单又好的应答策略，那就是故意夸大。所以当有人问你"你到底是有多蠢啊"的时候，你也可以这样回答："我还能更蠢一点！"或者"在算错题这件事上我可以做得很好啊！"夸张一下，给对方说的话推波助澜，你们的处境会因为幽默而缓和下来。夸张的好处是它很容易操作，你只要顺着对方的话说，说得再尖锐一点就好了，而且你可以说得十分自信有把握。

　　但是也有一些情况下，我们可能因为自己的状况不错而被指责，比如这样："你说得挺简单，你又没有失业和家庭的双重负担。"对于此类评价这是我最喜欢的回复："嗯，自己铺的床，再乱也要躺下去！"当然这样的话你要分场合分情况说。如果有人对我这么说："你说得挺简单，你又没有个生病的母亲要照顾！"这样回答肯定非常不恰当。如果是这种情况我会用另一个我最喜欢的回复："你说的（完全）没错！"

　　敏捷应答的专家马蒂亚斯·诺尔可当然也写了一些有必要沉默的处境。沉默在有的时候也可以隐藏着无限的力量，比如对方越说越愤怒的时候。诺尔可认为在这种情况下，我们应该在身体姿态上保持强硬，让对方"被迫安静下来"。

对于人际交往中别人的期望，说"不"很简单

　　不自信的人有一个很大的问题是，他们很难说"不"。而说出这个字真的非常简单！不自信的人很难拒绝别人，是因为他们深信自己必须要满足周围人的期待，才能被认可，或者至少不被他人否定。这就好像一个数学等式：因为长期害怕自己被否定，就会竭尽全力去满足他人的需求，这样就能被继续喜欢

了。也就是说：我很差劲 × 我答应你的要求＝你喜欢我！

这个等式中错误的乘数是这个想法："我很差劲"，因此整个等式都是错的。对不自信的人来说，认清这一点是最大的挑战。我们对自然科学以及数学的合理性是深信不疑的。很多自尊心受损的人无法想象真实的自己也能被人喜欢，他们认为变成别的样子才能被别人喜欢。所以最好变成另一个人。因此他们中的很多人都过着一种双重生活。他们在心里认为自己是不够好的，所以需要隐藏自己的内心。走出家门时，他们要穿上保护罩。说到底是因为他们不想被社交圈子排除在外。他们努力给外界留下尽可能好的印象。别人对自己的期待，他们从不敢懈怠，因为潜意识中他们已经将之当成了自己行事的准则。不能让周围的人失望。失望会带来否定。

在"没有信心"的星球上这是一种自然法则——不能"暴露自己"的恐惧，也就是说怕自己的缺点和不足被周围的人看见。满足周围人的期待是平息这种恐惧感的一种措施。"只要我没做错什么事，我就会很安全！"这是他们安慰自己的惯用语。只要我说"好的"，或者这样更好："好的，很乐意！"然后你就不会对我怎么样。自尊心不高的人活在长期的恐惧当中，这会对他们造成一种攻击。进攻点可能是，如果我不满足对方的期望，他可能就会怪罪我。这种持续的恐惧会扰乱他们的思绪，

让他们很容易就忽视了自己的立场，或者根本就想不到自己该
有什么立场。

在"信心"星球上则有另一种规则。生活在那里的人们友
善地对待自己和彼此。他们不会善意揣测其他人对自己不好。
他们信任周围的人，如果偶尔有人拒绝了他们的某个请求，他
们也会体谅别人的难处。他们相信其他人，因为他们相信自己，
认为自己本身的样子是很好的。他们自己完全赞同和支持自己。
所以他们也不用竭尽所能去得到周围人的赞同，也不那么担心
其他人的评价，而且也没想过要做到完美来赢得别人的喜爱。
他们周围的人也同样不想这样做。如果他们身边的人不喜欢或
不想做某件事情，当然有权拒绝。比起活在"没有信心"的星
球上的人，他们的生活环境很和谐，所以他们也给自己这样的
权利。

如果想移民到"信心"星球上，你必须开始友善地对待自
己。对自己的态度越友善，就越能感受到周围人的友好。在
"信心"星球上，你支持自己是不需要许可证的。在那里你也允
许为自己辩护。你在那儿和周围人所拥有的权利是一样多的。
那里只有当你做了违法犯罪的事情，你才会被大家排除在外。
说"不"可不算违法犯罪。

你要弄清楚，你得改变你深信的想法，拒绝别人不一定导

致他对你失望，甚至大发雷霆。事实上在大多数情况下说"不"一点都不糟糕。当我的来访者们越来越敢于表达自己的意愿时，也会给我这样的回馈。很多人感到非常惊讶，很多时候他们周围的人很自然就接受了他们的拒绝。

A：你可以在周末帮我搬家吗？

B：对不起，我和孩子们约好了要出去郊游。

A：没关系，我可以理解。

就是这样。生活就是能这么简单。

思考自己有没有资格拒绝别人，这一点也很有用，这是我对于怎么给自己找理由很看重的一个策略。思考一下，请求你的人有什么权利恼怒或者失望？哪些理由支持他这样做，哪些理由能反对他？你要明白一点，心里根本不想答应，嘴上却答应了，这比直接拒绝更能伤害到你和对方的关系。经常有这样的情况，尽管他想带孩子们出去玩，但还是咬牙切齿地去帮忙搬家了，然后他把怒气撒在自己身上，还撒在拜托他帮忙的人身上，显然是这个人让他陷入了如此气人的处境。我在其他例子中也写到过，心里不想答应，嘴上却说了"好"，常常会让人在心里默默积攒怒气，比实话实说更严重地伤害了彼此的关系。

我该怎么对待批评

很多不自信的人觉得很难面对别人的批评。对此我们可以将批评粗略地分为两种：有根据的和没有根据的。接下来，我想帮助你们更好地面对这两种类型的批评。

让我们先看有根据的批评。在大多数情况下，有根据的批评，我们可以通过看它针对的是不是具体的行为方式来辨认，比如我们犯的某个具体的错误。没根据的批评通常都说得很宽泛。后者还常有这样的情况，给出这个批评的人自己是个很敏感易受伤的人。

有根据的批评是具体的。就算一开始不具体，后来如果你请对方具体指出来，他还是能给出具体的回答。比如有人这样批评你："你一直都这么不靠谱！"如果你一时理解不了这样的批评，你可以请求对方指出来，在哪些具体的情境下你表现得不靠谱了。要是他以具体的事例证明了对你的评定，那大部分情况下你自己也能明白这个批评是有根据的。如果他举不出来事例，而是防御性地举起了手并这样说："现在别再问我有什么例子了，我又不能把每件事情都记下来！"那这个批评就是没有根据的，只要他批评你了，又举不出来具体的事例，那这就是没根据的批评。

　　如果这个批评是有根据的，那你只有一条路了：承认自己的错误！请求原谅！然后保证自己会变好！千万不要自我防御，不承认事实以及为自己狡辩。这样做只会让事态升级，或者会让对方对你的性格有更消极的评定，可能会导致对方认为和你解释这些是没有意义的，结果就是他可能会疏远和你的关系。

　　很多自尊心不高的人都有一个问题，即他们很容易受伤和感到羞耻。一个有根据的批评会让他们在精神上很受打击，他们会感到很不安，做出自我保护和自我防御的反应。这里的自我保护是机能障碍型的自我保护，因为这种态度会让你的问题陷得更深。对方不仅会批评你做得不好的事情，还会批评你的不理智。不论是在工作场合还是私人场合里，否认和狡辩都是在踢乌龙球。

　　要想承受住一个有根据的批评，你要学着把脸皮练得厚一点。让你受伤的点可能是你的羞耻感。当你犯了错误或者在某种情境下表现得不对时，你会感到很羞愧。这时你和往常一样，过分夸大了自己"犯错"的严重性。没有人是完美的。你有一大束的性格和能力的花。如果其中一朵被折断了，那还是有一大束完整的花。这束花还是很漂亮的，你不用为它感到羞耻。在这种情况下你也要看到自己的优点。不要错误地将这个有根据的批评拿在放大镜下看，然后忽视了其他你拥有的能力，只把注意力集中在一个弱点上。很多自尊心低的人都犯了一个想法上的错误，认为一个有根据的批评就是对整个人的否定。一个批评只是批评，没有别的意思了。如果你犯了一个错误，远不等于其他人就不喜欢你了；也不意味着别人会认为你根本就是个糟糕的同事或差劲的朋友；也不是别人想折磨你，他只是想指出你的某个行为，指出你的某个错误。仅此而已。

回忆一下关于内在小孩的解释。拉起你内在小孩的手，安慰他。向他解释，每个人都可以犯错，这根本没那么严重，只要你下次努力改正就好了。就像我在前面提过的：你不必做到完美，真诚地去努力就够了。你也要试着改变你看待批评的角度，只把批评看作是一种反馈。忠言逆耳利于行。

你要明白，大家不可能百分之百地接受你的全部——没有哪种关系是完美的（对比一下前面"我想被百分百接受"的部分）。收起你心里的"含羞草"。

顺便说一下"含羞草"：我们一直都这么敏感，就像我们内心的不安一样。不论一个批评是有根据的还是没根据的，如果它引发了我们的自我怀疑，那就会让我们很受伤。评判的人在往已经存在的伤口里撒盐。在那些自信的领域，我们通常不会或不太容易受伤。在那些没有什么好胜心的领域里，我们也很少受伤，因为我们对自己没有要做好的要求。我们受伤的程度和我们内心看待事物的态度是息息相关的。因此自信的人不会像不自信的人那样容易受伤。一个批评动摇不了他们的地基，因为他们的地基很稳定。他们把一个有根据的批评当作改善自己的机会，对于没有根据的批评，他们是这么想的："母猪要上树，树还怕它不成！"要想更好地承受住别人的批评，重要的是找到内心深处的伤口，然后治愈它。你越能接受自己的缺点，就越能轻松地克服批评带来的痛苦。

最后在对待批评的时候，不把自己看得那么重要也会有帮助。内心往后退一步，想一想你犯了个错，对世界会有什么影响。给自己相对的存在的意义加上点幽默，能使人放松下来。

现在来说如何面对没根据的批评：这种情况我个人认为是非常不愉快的，因为我们经常不太容易从当时的处境中摆脱出来。如果一个批评是有根据的，那解决问题的关键在我手上：我只要承认错误，然后请求原谅——这件事情（通常情况下）就解决了。有的时候我们有机会去澄清一个没根据的批评，但是有时候也没办法。只有对方愿意听我们说话我们才能澄清。如果对方因为他自己的错误认知已经提前站在错误的立场上了，那么大多数时候我们就没机会去澄清问题。如果对方在这个情况下是自己的问题很多，并且反射到我身上了，那我就胜利无望了，就像我前面很多地方提过的那样。

　　我们之所以认为一个批评是没根据的，要么是因为这个批评根本就不符合实际，指责我们其实从没说过或没做过的事情是毫无道理的，要么是因为在我们看来，对方太吹毛求疵了或者恶意地针对我们个人。对于有些行为方式确实有一定的评论余地，比如有一次我被邀请去参加一场聚会，当时只有很少的客人在场，聚会上放的是舞曲——之前也没有人跳舞。聚会的主人是我的一个朋友，我两次提议他能不能放一些现代歌曲，而不是这样的"老古董"，在我看来，这个提议完全没有任何语言攻击的意思。因为我的干预，后来有很多人跳了舞。

　　在之后的一次聊天中这个朋友指责我说，我因为挑剔他放的音乐而在他举办的聚会上表现得"不成体统"。我认为这个批评很过分并且不公平。我认为这样的批评部分是因为我的行为，更多的是因为我的朋友太容易受伤了。这种情况我们大多时候很难讲清楚。在接下来的聊天中，我虽然对朋友说了我当时完全没有恶意，他的聚会我玩得特别开心——他却觉得受侮辱了，然后就不让我再说了！这样我就无能为力了。更多的讨论也没有什么意义。如果你觉得自己被无理地批评了，因为对方说的理由没什么根据，以及他自己非常容易受伤，那你就试着去解释当时的情况，但是不要过分地为自己辩解，及时给这件事画上句号就行了。类似这样的事情一般很快就会被忘了。让评判你的人自己蒸发掉他的愤愤不平并且冷静下来（如果他能控制自己的嘴巴，会冷静得更快），你要是自己不太把它当回事，那就这么算了吧，也不要因此伤害了彼此的感情。

我错得很彻底

上面的部分我写了怎么面对没根据的批评，我通过亲身经历给你们做出了解释。其中的困难在于，深度自我怀疑的人一般不会像我这样立场坚定。他们会做出内疚的反应。他们完全不会像我一样想到可能是对方太吹毛求疵和不公平了。他们自然而然地感到自卑，因为他们觉得被批评了——不论给他们提出的批评有多不合理，他们都会有这种感觉。尤其是那些感觉比自己强势很多的人。因此他们不自觉地出让了这种长期的优先权。只要感到被攻击了，就会非常不安，这阻碍了他们的思绪。他们完全不会想到对方有可能批评错了。他们被困在伤心中，失去了洞察力。就像我前面说过的那样，这和他们内心对自己的态度有很大的关系。基本上可以说他们是敞开大门让批评的人冲进来的。

比如我的一位来访者有一次感到很伤心，因为有个朋友对他不满意。在乡下，男人们互相帮忙盖房子是很常见的事。这位来访者是个很好的工匠，经常给他的好哥们儿帮忙。有一次他不得不回绝他兄弟，因为他被一件别的事情耽误了。这让他兄弟很不舒服。我的来访者因此感到不安并且伤心了。他非常不安地说，他可能做得太自私了。他完全没考虑到的是，他的朋友没有权利怪罪他这次的回绝。在我看来应该是我的来访者因为他朋友感到生气才对，因为他表现得那么忘恩负义，也不会体谅别人。我的来访者属于长期在别人面前感到自卑的那种人，因此他完全没有意识到自己还能从另一个角度去看这件事。他的内心深处总是害怕被否定，而"我从你那儿得到了什么"这样的问题对他来说很陌生，他总是问别人能从他那里得到什么。这个小小的局面再次向我们展示了，拥有自己的立场是多么重要的事。立场只能通过论据来确定和巩固。在我的要求下，这位来访者第一次思考了他的朋友有没有资格生他的气。这样他才明白了，其实不是他表现得太自私，而是他的朋友自私，因为他的朋友希望他"时刻准备着"帮忙盖房子。

下次当你被别人批评的时候，你先暂停一下，尽可能地把受伤感放在一边，让你的理智站出来帮忙。如果你在这种情绪中陷得太深了，那你只会觉得"哎呀，我被否定了"，而不是简单地换个角度想："你这个笨蛋！"这时候和往常一样，要仔细斟酌自己的理由和对方的理由。有些理由你是不论如何都要赞同的，比如这些：

· 我和其他人有同样的权利。

· 本质上说我和别人的价值是一样大的。

· 我有权维护自己的权利。

你要时刻记得，你的基本权利和其他人是一样的，就算在你的原生家庭可能不是这样的。如果你原生家庭的当权者违背了你的基本权利，那他就是对你不公平。作为成年人，你没有任何理由继续对自己做不公平的事！

我应该怎样表达批评

不仅接受批评很难，对很多不自信的人来说，表达批评也是件很难的事情。接下来我想给你们提几个建议，关于怎样对别人提出批评。我已经详细说了好几遍，如果你因为错误地追求和谐的爱而选择沉默，那必然在这段关系中会承受更多的负担。如果你长期受伴侣、朋友或同事的困扰，或者他们犯了一个你必须要提醒的错误，那拜托你一定要这样做。

为了让你的批评被听进去，并且对方能够接受，你要注意下面几点：

第一，说之前，想想你要说的这个批评里有没有可能含有自己的偏见。比如，你想对一个朋友说你觉得他很少对你的问题感兴趣，那请你想一想你在过去的聊天当中有多明确地对他说过你有某个问题想跟他说一说，以及你是不是希望他必须靠自己"猜测"到你的问题，然后"察觉"到你的谈话需求。

第二，试着把你的批评说得具体一点。避免说到"一直"或"从来都不"这样的词语。至少给他举出一个具体的事例，能证明你对他的批评。努力做到有理有据地说自己的理由。

第三，尽量用"我"的句式去说话。不要说："你总是这么以自我为中心"，而应该这样说："最近，当我想跟你说我的问题的时候，你总是很快又说回自己身上了。我希望你可以在这样的情况下能稍微多理解我一下。"

第四，总能让对方更容易接受批评的方法是你也适当地加上一个自我批评。比如，"我知道我有时候也不是个专心的聆听者，但是最近……"或者"我知道我有很多的缺点，但是有时候你让我觉得有点困扰的是……"

第五，如果你能把对方的优点和你的批评联系在一起说也很好。比如用称赞来开头说你的批评："你是我最好的朋友之一，我知道我能完完全全信任你。只是有时候当我在纠结一些问题的时候，我感觉你没有认真听我说话，这会让我有点受伤。"

第六，学会听一听对方有什么要解释的。对他的话要保持开放的心态。

第七，如果你友好客观地表达一个绝对有根据的批评，而对方仍然对你生气，那你要尽量忍受他的怒气，不能直接就妥协了。坚持你的立场，如果对方没有任何可信的理由，只是对你说侮辱性的言辞，你也不要陷入无止境的辩论中。

有位来访者对我抱怨过一次，她觉得自己很难做到让18岁的女儿懂得去分担家务。她女儿总会直接和她争吵起来，这让她很难忍受。我请她把要求女儿做家务的理由列出来。她数出来好几个很有用的理由，来帮助她更坚定自己的立场。我建议她先忍住女儿的怒气，不要直接妥协。后来就有这样的一幕：她女儿完全不习惯妈妈这样保持坚持不懈，在闹了一下午的别扭之后自己妥协了。从此之后在做家务这个问题上就比较顺利了，至少大部分情况下是这样的。

很多不自信的人在批评完对方之后很快就有负罪感。他们为了维系关系背负了太多的责任。所以我想不厌其烦地重复：给自己的立场找一找理由，这能减轻你的罪恶感，并且能给你带来安全感。一段关系和不和谐也不是你一个人的责任。对于维护关系，对方的责任和你一样多。在你告诉他什么让你心烦以及你有哪些期待之后，他才能履行这份责任。再强调一遍：从长远的角度看，开诚布公地把话说出来，比自己默默吞下怒气并且强制性地储存在身体里更能带来健康与和谐的关系。

赞美和被赞美

　　不自信的人不仅常常难以处理消极评论，在对待积极评论上也有问题。他们不知道该怎么接受赞美或夸奖，反过来也不会对别人表达。赞美常常导致他们内心感到羞愧。他们不知道要怎么面对赞美。他们觉得自己配不上被赞美，虽然他们想要被关注，但是当他们被关注的时候又会觉得有些拘束。因此我想鼓励你们放轻松。当你受到赞美或夸奖时要为自己感到高兴，简单地说声"谢谢"。就这么简单。

　　同时我也想鼓励你们经常对别人表达赞美，如果你属于那种很难做到赞美别人的人。可能你觉得赞美别人是很自负的事情，也可能你一定程度上的嫉妒和自卑感阻碍了你这样做。试着猛地一下子跳起来，跨过你的阴影。几句好听的话或一个真诚的夸奖会让彼此都感到更加轻松愉快。

　　我们甚至可以通过表达赞美来消释或者减轻让我们嫉妒的原因。以积极的赞美来取代消极的嫉妒，这个时候我们会觉得自己变成了一个"更好的人"。这能让人感到惬意和平静，而且别人也会反过来对我们友好。我们把自己的姿态放得多低，别人就会反过来把我们看得有多高。彼此相爱，美国人是这么说的。听起来很不错，你觉得呢？

肢体语言：直起腰走路

说完了怎么处理语言层面上引发的矛盾和可能干扰你生活的一些地方，我想在这部分说一说肢体语言。没有安全感，通常从整个身体的状态可以反映出来。我们在不安的时候身体会通过发麻、出汗、心悸或战栗感受到恐惧。很多不自信的人感到不舒服时，常常会在身体上表现出来。反过来也一样，自信的人也能通过身体感受他们的状态：当他们走进一个地方的时候，他们能感受到内心的力量。他们腰板笔挺地走路，眼睛看着周围的人。很多不自信的人都喜欢把肩膀往前佝偻——似乎要保护自己。我们所处的心理状态会影响我们的身体，反之亦然。我在上大学期间当过餐厅服务员。当服务员时我获得了一个经验，那就是这份工作能让我的心情变好，就算我刚开始工作时做得不是很好。当服务员时，我不得不友好亲切地对待客人，而且要保持微笑。友好亲切和微笑影响了我的内心状态：我的情绪变得高涨了。

我想鼓励你们第一步要认识到自己的不安在身体上的表现。

在屋子里走几步，感受一下你能从身体的哪些地方察觉到自己的不安。你是怎么走路的？你的肩膀是什么姿势？你的脑袋朝着什么方向？你觉得自己的脚在地上站得有多稳？你的手臂是怎么摆动的？你怎样呼吸？如果单纯地做这个练习不能召回你的不安全感，那么试着幻想一下会让你感到不安和害怕的场景。第二步是等你感受到身体显得有点不安了，再把这种状态夸大。如果你的脑袋微微下垂，那就垂得更低一点，如果你的胳膊相当僵硬，那就让胳膊完全僵住，其他地方也这样做。同时你也要注意这种夸大对你的感觉有什么影响。第三步你要纠正自己的状态：直接在身体这个层面表现得很自信。把自己想象成一个演员，在扮演一个自信的人。身体层面上的自信有什么标志呢？一个端正的姿态：将肩膀打开一点，稍微挺起胸脯。微笑。在走路的时候双臂要松弛地摇摆，步伐要稳当，但是不能太笨拙了。还有非常重要的一点：均匀地呼吸，要深吸气，也要深呼气。当我们感到不安时呼吸总会改变。我们只在胸腔很浅的地方呼吸，而且容易"忘了"呼气。在恐惧的时候我们容易喘气。调整呼吸是个很好的办法，我们可以有意识地控制呼吸，让自己平静下来：吸到腹部再呼出去。

　　培养自信的身体姿态和呼吸方式，这样做你也能得到一些安全感。你的身体姿态和呼吸方式能给精神感受带来一个回馈——就像我当服务员时候的微笑一样。另外关于微笑：微微一笑永远都是好的。比如当你走进一间满是陌生人的屋子时，你感到不安了，这时就用你自信的身姿来走路，微微笑一笑。这样你就传达了开放和友好，别人也会友好地走近你。如果你展现的是封闭的，可能不友好的神情和姿态就非常不好了。这会让周围的人感到不愉快，相应地，他们也就不会对你那么友好了。

坐着的时候也可以练习"自信的身姿"。谈话中，对方说话时要看着他的眼睛，这一点非常重要——看别的地方是不礼貌的。当你自己说话的时候，你可以时不时看看对方的眼睛，也可以时不时把目光瞥向别的地方。这对说话的人来说是正常的，因为当我们集中注意力或者努力回忆某个场景的时候，我们常常会自然而然中断眼神接触，这样才能更好地将注意力集中在自己想说的事情上。这通常是一个很自然而且不由自主的过程。当我们把事情说完了也要再看一眼对方，暗示自己已经说完了，并且要"把球传回去"。

对于受到低自信心困扰的人，他们可以通过学会一些行为策略和与价值感相关的观点，作为自己内心的支撑。所有这些方法的目的，都是避免自己产生无助和缺乏保护的感觉。有意识地控制身姿也会在其他层面上给我们带来安全感，比如说语言表达。

注意狗仔队

　　下面的这个练习来自我的朋友，心理医生海伦娜·木瑟尔。她喜欢给来访者推荐这个练习：想象一下你正走在大街上，到处都隐藏着跟踪你的狗仔队。你是个大明星。你当然希望被拍得漂漂亮亮的。所以你出门之前会注意自己的外表。你的身姿随时会被摄影师拍到。你昂首挺胸地走着，脸上挂着自信的微笑。

　　海伦娜对我说，她的很多来访者都通过这个练习得到了很好的经验。他们觉得这个表演很有意思。效果和我已经说过的一样，我们可以通过我们的外表、我们的身体姿态和面部表情影响我们的精神状态。所以记住了，狗仔队无时无刻不隐藏在你周围！

闲聊

　　想象一下你被邀请去参加一个聚会，只认识那儿很少的几个客人，或者谁都不认识。这对很多不自信的人来说简直是个恐怖片。这时他们又会遇到老问题，他们会因为不自信而过于关注自己，而不是身边的事物。内心的摄像机拍下了他们是怎

么出场的，给别人留下了什么印象。而且拍的还不是无声电影，
自己的行为和对其他人臆想的看法都在电影中被评论了。比如
像这样的：

哎呀，你现在孤零零地站在这里。你给人留下了一个多么
笨拙愚蠢的印象啊。你的裤子是正好合身，还是所有人都在看
你的大屁股。拜托你现在不要脸红。其他人都那么放松，只有
你站在这儿像个没人认领的快递。他们肯定觉得你是个很无聊
的人，也不合群。你还不如就待在家呢，你知道自己在社交场
合没办法做到应付自如……

在这种不安的处境下，大部分的注意力都被投放到自己身
上了。这种自我关注往往会导致他们变得紧张不安，这样又证
实了他们觉得理所当然的想法：你太内向，不敢轻松自如地接
近别人。很多羞怯的人也因此根本不去这种场合。

解决这种紧张不安的方法是把注意力从自己身上转移到其
他事物上。为了更轻松地做到这一点，请你先明白一点，大多
数人都在关注自己的事，意思是你认为自己的出场很重要，这
只是你自己的看法，因为你通过自我关注一直把摄影机对着自
己，然后不自觉地把自己放在了世界的中心。其他人都有各自

的话题和担心，而不是都要分析你贬低你。那里有很多客人都和你一样，也在操心他们的个人形象。总的来说，不自信的人比自信的人要多得多，所以你要这么想，你处在一个很适合你的社交环境中。不要把自己看得那么重要！然后你就用你"自信的身姿"去走路，友好地看待大家，最主要的是看别人而不是看自己！你只需要注意不要贬低别的客人，用"众人皆醉我独醒"这样的话来褒扬自己。让自己沐浴在友好的社交光芒中。你确实可以把它视觉化：让周围的环境沉浸在你心中温暖的阳光中，以此来减少你想象中的威胁。

你要知道你面对的都是很真实的人，他们有自己的遭遇和担心。试着敞开你的心扉，虽然现在看起来有点虚情假意，也有点神秘。剩下你要做的事情就是去了解你在这个聚会上认识的人。大部分人都很愿意说自己的事情。闲聊不外乎去了解你对面的人。一个好的开头可以是介绍自己的名字，再问问这个你不认识的人叫什么，他或她与聚会的主人是什么关系。可能是一个好朋友，是一个同事，是姑妈或者其他什么人。

不自信的人可以通过友好地问话来和对方攀谈起来。如果你对对方说的东西真的很感兴趣，那你就全身心地投入到这场谈话中。而且你也可以坦承你在这样的环境中感到自己有点笨拙，也觉得很难和别人闲聊起来。很多人都有同样的问题，那些很容易跟别人聊起来的人也都能体谅这个问题，同样也是因为很多人都有这个问题。像这样的自我坦白也可以带来一场友好的谈话。

如果你想找一个舒适的小角落，先看看周围的人都在干什么，这也完全没问题。你完全不用给自己施加压力，可以直接去找人聊天。友好而饶有兴趣地看看周围，肯定早晚都会有一个不像你这么拘谨的人开口找你说话。这时候，请你不要担心自己看起来怎么样。先等等看，找个地方一个人站着或坐着，这对自信的人来说也是常有的事情。你要保持你"自信的身姿"，别人就不会想到你是因为感到拘谨。对很多人来说，找一个人聊天不是什么难事情，难的是在合适的时间结束谈话。对此我也可以给你们提个小建议，可以说自己再去拿点吃的或喝的然后借此离开，也可以很有修养地表示对对方的体谅，你不想"垄断"他的时间（或者"占用太多时间"）。这样说可以显得你很顾及别人，而不是因为轻视他不想再和他说话了。

第九章

行动

承担你的责任并且行动起来

　　说完了关于沟通交流的问题，现在我想说说行动这个话题。说话毫无疑问也是行动的一种，但是接下来我要说更偏重于行为，而不是语言。

　　想要提高自尊心，就必须先想明白这些问题，你想实现什么样的人生，你追求哪些个人目标和人生意义，这些意义是驱赶恐惧的最好方法。你可能还记得我在这本书中写过的一个例子，有个人为了救落水的孩子从桥上跳下去了。追求一个高尚的目标和意义，对我们克服恐惧很有用。长期活在自我保护中的人最后只是在绕着自己转。虽然有很多不自信的人也非常乐于助人，尽心尽力地让周围人感到幸福，但我们还是要想一想他们这么做的动力是什么。害怕被拒绝，害怕犯错误，害怕没有人爱，这些都不是能让我们感到脚踏实地的价值基础。将恐惧转化成责任能让我们的心理更健康，道德上更坚韧。对自己负责是为他人负责任的前提。

可是我怎么负起对自己的责任呢？到底什么才是对自己负责？答案：当一个人为自己的行为负责时，首先意味着他要将生活掌握在自己手中，而不是放任各种各样的偶然事件充斥他的生活。负责任说的是独立自主地去行动，去塑造自己的生活，不会因为恐惧感而到处乱撞，不会随波逐流。

只有在我们知道自己想要什么时，我们才能对自己的行为负责任。良好的自尊心不是我们的目标本身。我的意思是，自尊心不应该是我们最值得向往的状态，因为我们自信还是不自信，只对我们自己来说很重要。我觉得在我们的生命中最重要的还是社会生活，是人与人之间的联系。自尊心和个人价值不只是靠自己决定的，还受社会关系的影响，就是说也靠人与人之间的关系来决定。所以我在其他地方也说过，其实只要你的不自信没有让别人付出代价，就没那么糟糕。

如果你想改变自己的自尊心，你就要问问自己，你活着是为了什么。你的职业目标和个人目标分别是什么？还有非常重要的一点：你的价值是什么？当然我也知道必须要做的事情和内心的信仰可能会有冲突。比如我得做一份自己完全不喜欢的工作，因为我必须要挣这份钱。重要的是，我们首先要知道自己内心的信仰和目标是什么，然后我们才能思考自己怎样才能通过行动来实现。

走进自己的内心，问清楚自己在职业和个人生活上想去哪里。在寻找目标的时候尽量向你内心的价值观看齐——钱带给我们的不是幸福而是安慰，这已经是众所周知的道理。能给我们带来幸福的价值可能是这些：友谊、包容、公正、勇气、真诚、理解、知识、公平、博爱、热爱自然、坚强、幽默、乐于助人、文化、责任、自我反省、智慧。

根据所有的心理学研究，追求生活的意义能给我们带来最长久的快乐。追求生活的意义能让我们把注意力从自己身上转移开，专注于客观事实和身边的人。因此很多人当父母的时候感到开心，因为他们通过对孩子的爱和责任感受到了生活的意义。在工作中，在做自己感兴趣的事情时，还有和其他人聚在一起时，我们都能感受到这样的意义。关心在这里是个非常重要的词，也是个重要的价值。试着去关心自己，努力做到对自己坦率和真诚，正确认识自己的优缺点和内在的动机，还要关心周围的人和环境。如果你深陷让你感到不开心的职业环境中，这份工作不符合你内心的价值观，你还是可以把一些小事做到最好。比如你可以努力做一个关心别人的同事，也可以尽量全心全意地完成自己的任务。你也可以勇敢地提出请求，改变公司的某些情况。然后再想一想，你怎样才能从根本上改变自己的职业状况，想清楚你自己到底想要什么，考虑一下怎么才能对目标付诸实践——或许要继续深造，或许要调换工作，或许要改变工作地点/工作方式。

案例：

葛林德是个税务官，已经56岁了。她处在崩溃的边缘，因为她根本就不支持目前的税法，又常常不得不遵循与她价值观相违背的法规。可怜的穷光蛋不得不从口袋里掏出最后一分钱，给有钱人放水，不然他们就威胁要把公司开到国外去，这让葛林德感到难受。如果可以的话，她想把这一切都抛在身后。可是以她这个年纪和特殊的职业能力，要想在劳务市场上找一份新工作的机会是很小的，而且她还会失去一大笔退休金。出于理智，她还是决定坚持到退休。

为了不让自己的身体也累病了，她考虑了一下在这个处境下应该怎么做。考虑完之后她得出了下面的结论：她要再次深入研究一下现在的税法，要为底层人和中产阶级努力做到最好。当葛林德的上司明显说错了话时，她不会再沉默，而是努力用客观论据反驳他。她更加关心同事的生活，这样做减轻了葛林德的无助感。尽管她的工作让她感到不公平，但还是有一定的意义的。这些给葛林德带来了新的能量，她的倦怠症状也随之消失了。

可能有些读者会觉得，葛林德是可以做到，但是我没有勇气反对我的上司：这就是我的问题所在啊！葛林德要想实践自己的计划，也必须克服她怕惹是生非的毛病。葛林德考虑过了，因为她公职人员的身份，上司不会对她怎么样。最糟糕的情况也无非就是上司用一些讨厌的工作刁难她。她觉得自己要想活得有骨气一点，这点代价还是值得付出的。这让她变得更强大了。

不过在有些工作和场合中，如果你和自己的上司争吵起来了，确实会带来很严重的后果。而且有些上司的个性我们可以看得出来，反驳他是没有任何意义的。然而我们也经常过分担心了，还没有仔细考虑好，思绪就被莫名的恐惧感侵占了。问问自己，如果你想更多地为自己的立场做辩护，最坏能失去多少。通常情况下我们既不会丢了工作也不会丢了性命。

做决定

许多自尊心受损的人很难找到自己到底想要什么，也做不了决定。很大程度上是因为他们一直都在训练自己怎么满足别人的期待，没有关注自己的感受和心愿。所以对很多人来说，多去了解自己的心理过程是非常重要的。我们可以在日常生活中多问问自己：我现在到底怎么样，我觉得自己怎么样。我们也可以有意识地锻炼自己去做决定，倾听内心深处想做的决定：我要去哪儿？我今天是用红色的还是蓝色的杯子喝咖啡？我想在面包上涂果酱还是奶酪？或者我今天是不是一点胃口都没有，不想吃早餐？重点在于把内心的注意力放在自己的感受上——这个过程被很多人不自觉地压抑下去了。如果我不怎么注意自己的感受，那我也很难作决定，因为最终起关键性作用的是感受，是感受告诉我们自己内心想要什么，而不是理智。不关心自己情绪的人就像一艘没有罗盘的船，在生命中随波逐流。情绪给我们指出了航行的方向。感受也会在作决定的时刻帮助我们理性思考，因为内心的感受可以暗示我们这个想法好不好，正不正确。所以请你们试一试更多地关注自己的内心，找出自己的感受。你会变得更了解自己！

自尊心受损的人很难找到自己的目标以及做出决定的另一个原因是他们害怕自己最后可能做出了错误的决定。他们需要在百分之百肯定之后才能做决定。这和追求完美是相似的：不能给错误留有余地。然而这种看法是错误的。一个决定永远都只是一个决定，我可以决定做什么，也可以决定不去做什么。一个"错误的"决定也能给我们的生活带来更多的东西，因为我们可以从中学习到很多东西。除此之外，大部分决定也都是可以重新做出的。当我们察觉到之前的决定是错误的，我们还可以再作一次决定。如果不能重新来过，比如说选了个很差的旅行目的地，那我们就尽量从中找到乐趣。大多数情况下你心里要清楚，完全不会有什么特别糟糕的事情发生。如果你感到恐惧了，就问自己这个问题："最坏能坏到哪儿去？"这非常有用。大多数人都想不到那么彻底，他们容易陷在恐惧的沼泽地中。考虑一下：虽然我站在原地不动就不会迷路，但是我也到达不了任何地方。

在这个因果关系下，我想再说一说职业选择，因为有很多年轻人常常对我说，他们觉得很难决定自己的职业道路。我会对他们说下面这些话：如果你没有明确的使命，你就要想想你的才能和兴趣最接近哪些领域。然后从中选择一个领域，只要它在一定程度上符合你的才能与兴趣，你就不会错得有多离谱。没有人能非常明确地知道自己的使命，但是不论你做什么工作，你都能进一步发展，都能感到满足。满不满足只取决于你的勤奋和自律程度，因为在工作的过程中，行动和继续前进能给你带来成就。所有的职业教育和工作都有它的无趣和艰难之处——重要的是坚持，做到最后。从坚韧中可以产生满足感，时间会把它变成你的能力。

设定可实现的目标

　　和别人比较是件很折磨人的事情。虽然我们也可以唱：一切都会很简单，只要多找人比比看……但是大部分自尊心低的人都很喜欢和比自己优秀的人作比较。这种仰着头和高的人比较的做法只会让一切变得更难，而不是更简单。可能有的人很想去某个运动社团，但是这个冲动很快就被扼杀在摇篮中了，因为他立马就觉得和其他人比起来，在运动场上，他的身材肯定显得很笨重。

　　纳撒尼尔·布兰登在他《自尊的六大支柱》中就"社会比较"举了一个很有趣的例子。当他注视着他的狗时，狗在没有任何诱因的情况下跳了起来。布兰登先生觉得这可能是狗在单纯地表达愉快，也可能只是他自己的解读。总之他非常确定狗当时肯定没有这么想：和所有邻居家的狗比起来，我简直棒极了！

　　我认为让你们不要和其他人作比较是毫无意义的，因为我不认为有这种可能性。毕竟社会比较可以给我们带来很重要的定位，了解我们处在什么样的位置，当我们生活在社会中时，自然而然就会和别人比较。我们不能不和别人比较。当然我们可以有选择地、更少更有意义地去比较。没意义的比较指的是和某些能力或性格远比我们强的人作比较。比如说我今天第一次学滑雪，如果我和那些从小滑到大的人比较，这就是没有意义的。这种错误的比较很容易让我们感到气馁，然后我们会说："我再也不学这个了！"总是和过高的人比较，可能会导致麻痹心理。因此设定实际的目标很重要，也就是自己的能力可以实现的目标。尤其是完美主义者，非常容易因为对自己的要求过高而受挫折。完美主义者被自己过高的要求阻碍了，因此不怎么信任自己有其他的能力。他们在其他方向上的目标也变得不实际：他们不去追求自己的机会，因为他们认为自己能力不够。

因此我想在这里再次强调一遍：认识自己的优点，接受自己的极限！给自己设定能够实现的目标，从那里出发你还可以一直往上努力。就像拉力赛那样设定一个接一个的目标。重要的是你得出发。有个学生曾对我说："以前我计划每天学习十个小时。但是我一直感到很挫败，因为我从来没有完成过这个目标。今天我决定每天只学六个小时。六个小时才是现实的，如果我完成了任务，我也会为自己感到骄傲。我有一些同学每天可以学习十个小时，但是我真的不属于他们这一类。以前我总是拿自己和他们作比较，感觉自己特别差劲。现在我这么想：我只尽自己最大的努力去学习。我感觉好多了！"

很多低自尊的人都难以做到如实评估自己的能力，我想再次推荐你们去找找可以咨询的人，坦诚地问问朋友、同事或这

方面的专家，让他们评估一下你的能力。你们的目标应该是在
自己的能力范围之内继续发展自己。尽可能地以自己为标准，
然后试着将那些让你产生挫败感的比较清除掉。

自律和成就感

要想巩固自尊心、在生活中获得更多的满足感，自律和组
织是必不可少的。很多有自尊心问题的人都缺乏毅力和自律。
这和他们怀疑自己行为的正确性有关，他们也因此在一定程度
上没有什么上进心。也有一些人正好相反，他们极其自律，也
因此很难放松下来，我会在下一章说到这个问题。

如果我想过充实的生活，我就不能逃避自律，因为不自律
的话我就不能锻炼自己的能力。没有自律我不可能有为自己的
成就和能力感到骄傲的经历。

当我说到成就的时候，并不只是从事业上的升迁和成功这
个角度来看的，主要还是我们内心的充足。知识和理解能让我
们感到快乐。在一份工作上的能力越来越强同样能给我们带来
快乐。全心全意地研究一个主题或做一份工作，对它们的钻研
和理解越来越深，能让我们置身于快乐的状态。说到这里，我
也想再研究一下所谓的"心流状态"。当一个人处在"心流状

态"时，他会和所做的事情变成一个和谐的整体。他的注意力恰到好处地集中在他做的事情上，能让他忘记自我，处在"心流状态"中的人和他做的事情合二为一了。他完全投入在此时此地。我不想过多地介绍"心流状态"，因为这个主题太广泛了。感兴趣的读者们可以在网上通过维基百科找到很好的介绍。但是在自尊心这个主题下我也不想完全不提及这个概念，因为全身心地投入要做的事情当中能让我们忘记自我，和自己的内心达到一种和谐的状态。很重要的一方面是，心流有助于我们的自我控制。它和低自尊的人经常体会到的无助感以及不安全感完全相反。因此我建议每个人都要找到自己感兴趣的地方，不管是哪些方面的兴趣。

深入研究我们自身以外的事物，和这些事物融为一体，能使我们的技能和理解力进入越来越深的层次，并且能制造出提高我们自尊心的内在财富。

只有我们做到一定程度的自律，才能进入技能和理解力的更深层次。每个人在学习知识和提升能力时都有如饥似渴的时候。自律的另一个选择是充满激情。我认识的人中，只有很少的人可以单纯地靠激情来做事情，几乎完全不用自律。对大部分人来说，也包括我自己，上进心和懒惰是相互交替的。除了懒惰，自我怀疑也会阻碍我们。如果我们不能通过自律来克服懒惰和自我怀疑，就很有可能导致学业上的、工作上的以及兴趣爱好上的失败，这些都会使我们长期感到不快乐和不满意。没有什么事情能坚持到最后，没有增强自己的任何能力。这样的人会认为他们不能在任何领域证明自己有足够的能力满足自己、给自己带来快乐。

如果你属于在学业和兴趣爱好上中断了很多次的人，那么请你深入分析导致自己不停中断的每一个原因。亡羊补牢为时未晚。

后悔是个非常有意义的感受：能让你下定决心做出改变。你可以继续像现在一样，也可以做出新的决定。选择权在你自己的手中。幻想一下未来的十年、二十年、三十年：如果你一直像现在这样，会是什么感觉？分析自己不停中断的原因非常重要。详细检查自己在这些情况下出现的问题，避免把责任都推卸给外界环境，就算今天的处境确实受到了部分外界因素的影响。找一找你还没有用上的行动力。承担起自己做决定和做事情的责任。

自律不可或缺的帮手是规划自己。对绝大部分人来说，规划好每天的流程安排是非常有用的。每日流程中也要安排兴趣爱好和别的项目。比如我在写这本书的时候，会每天在日历本上安排好我的工作时间。因为我在早上能更好地思考和写作，所以我要求自己每天上午九点到十一点之间坐在书桌前写作——不管我当时有没有兴趣写。大部分时候都是有兴趣的，但也不总是有，偶尔也会在写作的过程中兴趣会越来越小。我并不是出于激情写作的，因此写作对我来说是很艰难的事情。我写作是因为我有些想说的话，并且我知道这些话能够给一些人带来帮助。

另外，这些书对我来说是事业上很重要的支柱。如果我确实坚持写完了一本书，我会为自己感到高兴和骄傲。愉悦持续的时间比写书的时间多得多，因此付出这些精力是值得的。这份愉悦是持久的，一时的懒惰却不能。比如我非常建议规划不好自己生活的人买一个日历本，做一份执行表，将自己每天和每周的计划、安排写下来。我们越规律地执行自己的任务，就越能感受到快乐。而等待自己内心的冲动或灵感则会让人感到倦怠，没有什么成效。大部分做创造性工作的人也迫使自己自律，因为他们知道好想法是从工作中创造出来的，而不是懒惰。

我总是对自律能力差的来访者说，拖延症所消耗的能量比把事情完成抛在脑后消耗的能量要大得多。我们可以花一天二十四个小时，一周七天的时间一直拖延，但是把事情完成所花的时间一般都很少。而且拖延症还会带来非常严重的后果，拖延症会带来负罪感或者增强心理上的压抑感，二者都非常消耗精力。

另外我还给来访者推荐下面的策略：想象一下如果你白天拖延了一件非常重要的事情没做，你晚上会产生什么样的感觉。然后再想想把事情做完的轻松感。当我还是大学生的时候，这样的想象一直激励着我白天去学习，这样晚上我就有很大程度的自由，也避免了可怕的通宵复习，很多同学因为平时不学习而不得不经常在考试前临时抱佛脚。

过分的责任感

在那些不太自律和组织能力较差的人之外，还有一些人因为害怕失去控制，过分地刻苦和有责任感了。他们常常想通过追求完美来驱赶低自我的价值感。这类人会拼死拼活地工作，根本停不下来。有洁癖的女人就是个很好的例子。她们必须一直打扫，无意识的恐惧感驱使着她们"不放过"每一颗灰尘，不然她们就会觉得对周围的环境失去了控制，也间接地失去了对自己的控制。

过多地控制和缺乏自律一样是不值得推荐的。对控制欲过强的人来说，最重要的主题是放手。"放手"是和"抓紧"相对立的动作。根据我的经验，比起"主动进攻"，"放手"是更大的挑战。控制自己不去做什么，比主动去做事情更难。做事情比不做事情更加具体，也更加可控。让不做事情变得更棘手的是我不知道什么时候应该再次主动去做事情。比如我决定每天花半个小时陪孩子玩游戏，这就比我决定不工作了更容易执行。

　　长期害怕犯错误和害怕失去控制的人要想办法管理自己的恐惧感。压抑自己想做事情的冲动必然会导致恐惧感，因为他搁置的正是能牵制恐惧感的事情。这里值得注意的是，比起忙前忙后地做事情，大部分情况下什么都不做给人带来的恐惧感是更大的。因此做事情能让痛苦的人转移一部分注意力，避免过度关注自己。另外这样的人往往也很难确定哪些事情是必须要做的，哪些不是。他们分辨不出来什么事情是重要的，什么事情不重要——这也是工作狂的典型问题之一。他们很难把事情分一个优先等级。这和节食在某种程度上是很相似的，毕竟我们不能什么东西都不吃，必须要在多吃和少吃之间找一个平衡点。所以喜欢做很多事情的人也是这样，他们肯定不能完全放弃工作。但是正确的工作量是多少呢？

　　首先你要考虑的是你在追赶什么？在你长期对工作的需求背后隐藏着什么？确实有必要这样做，不然你就会丢失工作，或者你们公司会因此走下坡路吗？如果是这样的，你就要停下来想一想怎么才能重新规划自己的工作以及公司。也要考虑这份工作和所得的工资值不值得你承担这么重的压力，或者你是不是该把工作切割得更深一点。

如果你的工作很固定，但是你觉得同事之间的竞争很激烈，或者你的上司想让你投入更多的精力，请你考虑一下，你害怕犯错的恐惧感可能会导致你把一些虚假的威胁给放大了。你最好和同事或者朋友们交流一下，尽可能如实地评估目前的处境。让你对竞争和工作压力的感知经受一下现实的检查——如果可能的话，你也可以就此直接找上司谈一谈。

你过于勤奋的另一个动机可能是我前面解释过的，你害怕失去对自己和对生活的控制。你如果属于这种情况，就请问问自己这个问题，你的工作在多大程度上帮助你"把一切抓在手心"了？用有洁癖的女人的例子可以更形象地解释——她光洁明亮的家事实上帮她提升了多少自尊心？让她的生活充实了多少？

也许在你忙碌的背后隐藏的是你害怕自己可能会产生无聊和空虚的感觉。或许你是想通过不停忙碌来让自己没有精力去思考问题。如果是害怕无聊空虚，你可以想一想自己有没有什么有意义的兴趣爱好或者活动，能抵抗你不由自主地去忙碌和工作。

要是驱赶你工作的原因是你想逃避问题，那你就得想明白，从长远来看，这样做是没有用的。逃避问题所消耗的能量和拖延一样，都比面对问题会消耗更多的精力。很多"大忙人"潜意识里都害怕自己安静下来什么都不做的时候会想起他们没有真正消释的痛苦。很多时候是因为失去了某个重要的人。我经常遇到非常伤心的来访者，哭着诉说一个多年前就已经逝去的人。他们对自己强烈的悲痛感到惊讶，可是他们一直到现在都没有停止过忙别的事情。他们逃避了流眼泪，最终还是要补回去。也有一些强烈的担忧，比如说婚姻问题，会让人强迫自己逃避压力。其实通过工作来逃避一点点问题是很正常的。这可以是熬过痛苦的很健康的方法，或者能帮助我们在经历亲人离去以后再次找回正常的生活。但问题是逃避下去刹不住车了，而这种逃避已经明显比停下来面对问题消耗了更多的精力。继续逃避的结果就是自己的问题永远得不到解决。问题往往会越变越大，直到有一天大到最厉害的逃避者也无法装作看不见了。最后他只能后悔自己没有早点去面对问题。不仅是在医学上，在日常生活中"早期诊断"也是治疗的最佳时期。

　　如果你一直受到害怕犯错误的困扰，那么请你想一想，你真的犯错的可能性有多大，最糟糕的情况你会失去什么。在这个最糟糕的处境下你真的不能幸免于难吗？另外分析下面这个问题也会很有用：你必须要做到绝不犯错、完美无瑕吗？活得平凡一点会轻松很多。试着让你的行为的重要性和个人的意义处于一个合理的关系中。

如果你觉得自己连平凡的人都算不上，你得尽可能实际地核查一下自己的能力，这可以通过从其他人那里得到反馈来实现。通常，这样悲观的态度只是因为你害怕让自己失望。虽然你达到了这个目的，但是往往也阻碍了自己向更高的任务和挑战跨出勇敢的步伐。除此之外，一直贬低自己、压抑自己对个人能力的每一丝骄傲也会消耗很多心理上的能量。请你留心自己的心理过程：你的自卑感迷惑了你看自身缺点的眼睛。对所有人都适用这一点：评价个人能力时要看我们的极限，而不是以完美作为评价的准则！

自尊心低的人在事业上也可以很成功。问题在于：他们无法享受自己的成功，他们一直不停地证明自己是有用的，只有他们能把这样或那样的工作做到最好，或者达到没有他就什么事情都完成不了的情况。这可能会导致他们工作到精疲力竭。最后，他们会觉得自己只有在工作的时候是有价值的。工作的正常程度是，工作只是我们生活中重要的一部分，大部分人也愿意去完成一些事情。但是我们也有权利保留自己的快乐，把时间花在自己的爱好、家庭和其他感兴趣的事物上。每个权衡不好工作程度的人都应该问自己这个问题：在不工作的时候我是谁？

做运动！给懒惰者的建议

这部分我想从一个自我坦白开始写：除了在童年和青少年时期，我从来就没喜欢过做运动。作为成年人，我太懒了，除非去迪斯科跳舞也算是做运动。我在39岁的时候得了椎间盘突出，必须要做手术。从那时候起我就强迫自己定期锻炼肌肉，因为我不想变成矫形外科医生的常客。总之，我因为自律和理性判断做了几年的运动，但是每周也只做一到三次运动。说不上来有什么乐趣。媒体总是胡说八道，说运动有多么重要，我们最好每天都要做点运动，等等，这让我感到心情烦躁。

从某天起，我还是决定要每天早上跳蹦蹦床，来锻炼体力以及做拉伸练习。我每天都在做心理斗争，我是今天就振作起来做运动，还是明天再做。最后结论是：我觉得每天都做运动比每周只做一到三次要轻松，原因很简单，因为运动已经变成了纯粹的例行公事。运动的快乐很大一部分都来自每天运动的成果：身材更好了，感觉体力更强了，有了更多的精力，没有了内疚感，以及内心很安宁。发自内心地感到健康、更好的身材和内心的安宁给我的自信心带来了积极的影响。说真心话，锻炼肌肉让我感觉自己变得更强壮了。所以我极其建议懒得做运动的读者们再次尝试一下去做运动。我这个建议可能显得有点差强人意——因为我自己原来就一直把这样的建议当作耳旁风。但是我不得不承认，运动能给我们的身体带来很好的影响，也会影响我们的自尊心。

另外提一下，懒惰的人、没兴趣没时间去运动社团和健身房的人，以及不喜欢每周有好几天都在风雨中跑步的人有一个最佳运动选择，那就是跳蹦蹦床。蹦蹦床是个非常轻松简单的运动，因为我们可以在家一边看电视或听音乐一边跳。另外蹦蹦床也不贵，想搁置到一边也很容易。它看起来也不像跑步机或健身单车那样没有装饰性。而且跳蹦蹦床非常健康：它不损伤关节，所以不论是老年人还是过于肥胖的人都能很轻松地使用它。跳蹦蹦床能锻炼到很多地方，包括很小的肌肉，它也能促进淋巴系统的循环。我的母亲在82岁那年也跳起了蹦蹦床（可以买到带扶手的蹦蹦床）。这个运动同样给她带来了很多好处——开始运动永远都不晚。

还有一点必须要提到，再说回自尊心上，不管是跳蹦蹦床，还是其他运动，都能改善我们的情绪——蹦跳运动在我们的大脑中和愉快以及好心情是联系在一起的。跳蹦蹦床能抵抗抑郁情绪。

如果你通过蹦蹦床找到了更多的乐趣，接着你就可以考虑一下拓展几个体能训练和拉伸练习，这些都很容易，不需要运动器材。你也可以买几个哑铃和沙袋，可以缩短训练时间，减少运动时的无聊。

很多对其他运动无感的人却觉得瑜伽是很有趣的。瑜伽是非常好的一种身体训练。要是没有时间或机会去上瑜伽课，你可以买本书自学。

好了，这些就是给懒人的建议。其他读者肯定知道自己可以做什么运动。总而言之，身体上的运动以及提升的肌肉力量和健康程度能给我们的自信心带来很积极的影响！

第十章

感受

在这一章我想深入"感受"这个主题。很多自尊心低的人都不知道该怎么处理那些在不同处境下不是过于强烈就是过于微弱的感受。就像我经常提到的那样，他们和自己的感受所建立的联系受到了干扰。你也许会在某些特定场合感到特别冲动，特别恐惧，特别抑郁或者就是空虚没有情绪。不论你是强烈抑制自己的某种情绪还是感觉自己被情绪淹没了，关注自己的感受都是很重要的。因此我总是建议我的来访者们常在生活中审视内心，问问自己，我现在的感受到底是什么样的？

　　我们只有先承认自己的感受是存在的，才能以合理的方式去对待它。比如，如果我（无意识地）禁止自己发怒，那么即使在某些场合下我想发怒，我也会压抑下去。因此我的愤怒并没有被身体清理出去，它只是悄悄从我的意识中溜走了，等待别的爆发的时机。被压抑的愤怒可能会通过身心疾病、抑郁症、冲动型发怒或者被动攻击向外界爆发。这时候它就不再受我的控制了。如果我想以健康的方式面对自己的感受，首先要承认

自己的感受，然后再反思我为什么会有这样的感受。因此认识
到我的感受、想法和外在原因之间的相互关系是非常重要的。
在接下来的部分我将逐个介绍我们不同的感受，尽量把感受、
想法和行为之间的互相联系解释清楚。

恐惧

恐惧感有不同的表达形式，比如神经质、紧张不安或窒息
感，这些会在自尊心问题上操控我们的行为。因此这本书的主
导思想也是如何在不同的处境下摆脱我们的恐惧感。尽管如此，
在这一部分，我还要再次深入分析一下恐惧这个情绪。不过我
不会详细介绍和临床相关的恐惧感，比如恐慌症或一般所说的
焦虑症，因为这些已经超出了这本书要写的范围。但是得了这
些恐慌疾病的读者们也可以从接下来的阐述中得到一点帮助。

恐惧永远都是针对未来的一种感受。我们只会对未知的事
物感到恐惧，而不会害怕已经发生过的事情。事情发生过了，
恐惧也就解除了，然后我们会感觉到疼痛、羞愧或者释怀和骄
傲。恐惧感对我们有生存上的意义，在面对危险处境时它能警
告我们，让我们谨慎起来。所以本质上来说恐惧是个很有意义
的感受。不幸的是我们，尤其是有自尊心问题的人，也常常在

客观地看一点都不危险的处境中感到恐惧。我们以为在这些处境中我们的自尊心和自身会受到伤害，或者更加批判地形容：可能会伤害到自我。因我们的自尊心而产生的恐惧感总会扭曲成一件让我们羞耻的事情或者一个不被接受的错误，可能会被我们直接感受为对我们个人的否定。

　　和其他的感受一样，我们内心对某个处境下所产生的恐惧的态度才是起决定性作用的。一件事情的发生不是必然会带来恐惧感——是我对这件事情的想法给我带来了恐惧感（还有愤怒、愉快、悲伤等等）。我们对这些事情的想法往往是在不自觉的情况下产生的，因而我们经常以为是事情本身带来了恐惧，而不是我们产生的想法带来的。例如朱丽叶说，当她站在很多人面前演讲时，心脏会马上跳得很快，手心也会出汗。她这种身体反应的出现显然是毫无意识的。她认为是演讲这件事情和底下那么多的听众让她感到害怕。

　　然而这是错误的：事实上是她给自己灌注了恐惧的想法。当她站在讲台上时，她心里想的是：我做不到；我肯定会脸红并且开始结巴；我的思路肯定要中断了；我真是丢脸丢到家了！是这些想法让她感受到了压力，而不是事情本身。如果是事情本身带来了恐惧感，那应该每个人都害怕演讲。显然不是这样的。有的人不仅能在演讲的时候放得很开，还觉得是件很快乐的事情。让朱丽叶害怕的是她自己的内心戏，这让她对演讲感到特别害怕，也因此拒绝了上司的一个工作提议，错失了职业上的升迁机会。

帕特里克则相反，他在演讲的时候没有表达上的问题，所以接受了这份工作。帕特里克认为自己非常有男子汉气概，恐惧在他心中是没有位置的。他认为自己轻而易举就能搞定演讲。帕特里克只给演讲准备了几个摘要，因为他想给听众们做个脱稿演讲。对此他更是信心十足。他认为他对自己的工作范围非常了解，在纸上写下演讲要点就足够了。然而当帕特里克站在演讲台上，聚光灯打在他身上时，他突然两腿发软心脏开始狂跳。突然帕特里克的脑海里出现一幕恐怖的场景：他说不出话来了，现场完全变成了一出滑稽剧，他老板认为他是个不中用的人等等。帕特里克真想找个地洞钻进去。他抵抗住想要逃走的冲动，非常糟糕和挣扎地做完了演讲。如果帕特里克事先认识到自己并没有想象中那么出色，他就能很轻松地避免这次所犯的错误。他本来可以准备得更充分一点的。

朱丽叶没有充分认识到自己被害怕犯错出丑的想法束缚了，失去了理智，而帕特里克却因为把自己捧成了出色的人物，从一开始就屏蔽了恐惧和一些基本的想法，导致他在准备阶段根本没有意识到自己的问题。然而越到严肃的场合，恐惧感就爆发得越强烈。

　　学着面对恐惧感也就是要接受恐惧感。意思是你要把恐惧感当作自己的一部分来接受。一个人越轻视自己的恐惧感，内心越谴责自己，恐惧就会变得越强烈。对恐惧感的敌意只会更容易激发恐惧。这样的人会受到加倍的折磨：一方面他已经产生了基本的恐惧感，比如害怕做演讲，另一方面他内心对自己的看法也会增强这种恐惧感，也就是他为恐惧感到羞愧。听起来可能有点自相矛盾，和自己的恐惧感建立一种缓和的关系是非常重要的。如果我们能接受恐惧，直接面对它，邀请恐惧感伴随我们同行，这样会很有帮助。友好大方地面对恐惧感也就是友好大方地面对自己。而这种自我接受也是平息恐惧感的最有效的前提。

　　除了对恐惧感的接受，朱丽叶和帕特里克都可以再采取一些特别的措施，只要他们能弄清楚下面几点：即将要面对一个处境，在这个例子里就是"在听众面前做一个演讲"；我在演讲的时候会有什么感觉；我为什么会有这样的感觉，以及是什么想法让我产生了这样的感觉；我要找出引起恐惧感的想法。如果我能弄清楚这些问题，我就能针对性地抵抗恐惧感。所以朱丽叶可以这样应对自己的想法：

　　第一，"我肯定会脸红并且开始结巴。"事实上脸红是不自觉的反应，我们想控制也控制不了。问题在于：演讲的时候脸红真的是一件非常丢脸的事情吗？大部分人都了解演讲的紧张感，他们可能会非常理解脸红这件事，至少不会觉得这不光彩。朱丽叶其实可以接受她的脸红。比如通过这样的心理暗示："我可能确实会脸红，但是只要不影响到演讲，脸红不红都无所谓。我不用太激动。"结巴的问题则来自呼吸的方式。当我们激动的时候会很容易忘记呼吸。因此我们的呼吸会变得急促，从而导致结巴。朱丽叶可以在紧张的时候训练自己有规律地吸气和呼气。另外她还可以通过大声朗诵演讲稿并且至少在家人或朋友面前练习一次来消除演讲时的恐惧感。这样的话她不仅朗读了演讲稿，自己听起来也更熟悉了。这能使她上台的时候更镇静。

第二，"我的思路肯定要中断了！"对此，朱丽叶思考一下可能就会得出这样的结果：只要她的演讲稿写得好，思路就不可能中断，她只要遵循演讲稿的思路走就行了。如果准备得很充分，在演讲的时候就算是极度紧张也有"自动导航仪"可以用。也就是说，只要她把演讲内容熟记于心了，就算内心激起了狂风暴雨，嘴上还可以继续说下去——就像做机械性工作，脑子开小差了也一样可以完成任务。

第三，通过前面的思考，恐惧感会被削弱很多，"我做不到"和"我真是丢脸丢到家了！"这样的想法也不再有什么杀伤力。

　　恐惧总是和无助感紧密联系在一起。所以我们会认为自己缓解不了恐惧感和恐惧的症状，比如战栗、出汗和脸红。我们觉得自己只能任由恐惧感的摆布。这其实是因为我们的大脑在处理恐惧感时用的还是石器时代的方法：逃避、进攻或者装死。可是在我们的文明社会如果用了这三个方法中的某一个，很少会有不丢脸的情况。在充满恐惧的处境中，我们必须要考虑用什么样的策略来处理无助感，而不是用石器时代尼安德特人的土方法。要想清楚具体在害怕什么。

　　怎样才能消解自己的恐惧感呢？你可以像上面举的例子一样找出有针对性的措施，但也可以用对一般情况都适用的方法。比如说注意不要把内心的摄像机对准自己，应该对向观众，就像我在前面写过的那样。还有个很有用的办法，那就是拉起内在小孩的手，对他说一些鼓励和安慰的话来让他平静下来。当你处在让你恐惧的环境中时，也可以通过改变自己内心的场景来克服恐惧，让其他人或站在你对面的人沐浴在你内心温暖的阳光中。对有些人来说，更有用的办法是把对面的人想象成他们都坐在马桶上。不论是哪种想象，这种视觉化的效果可以减轻所处环境中的危险感。也可以通过前面讲到的寻找内在力量的源泉来帮助你摆脱恐惧感和无助感。

　　就像我提过的，思考"最坏能坏到哪儿去"这个问题也非常重要。对于这个问题，我们经常思考得不够彻底。有一次有一位年轻的警察来找我做心理治疗，他长期强制性的恐惧感恶化成了恐慌症，他总是幻想自己可能违反了交通规则，然后自己没有察觉到，这样他就变成了肇事逃逸的司机。这种恐惧感导致他在开车的时候总是开得很靠右，并且总是很仔细地找他的车有没有什么交通事故的痕迹。

另外，他在业余时间也很少开车出门。谈话过程中，我没有在他的童年经历中找到任何指向他深深的恐惧感的线索，比如一般所说的害怕自己失去控制。看起来他的恐惧感受童年的影响真的很有限。当我最后问他，最坏的情况他会失去什么，他不假思索地回答说："我会丢了工作！"我接着问他："那然后呢？"他在听到这个问题时着实打了个寒战——他从来就没敢有过这样的想法。突然他又放松下来两眼放光地说："这样的话我也能活下去！之后我再去做别的事情不就好了！"他的恐惧感也突然消失了，他决定立马开着他的车去附近兜一圈。我对他的决定给予了支持，并且向他保证了只要他感觉自己有这个需求，他可以在任何时候回来找我约时间做心理辅导。不过显然他已经不需要了，从此之后我再也没见过他。

我的另一位来访者，她也是对演讲感到恐惧，当我再次问到这个最坏能有多坏的问题时，她是这么回答的："最坏的情况可能是我哭着被带出了演讲大厅。"接着她就大声笑了出来，因为她觉得这个场景简直太奇怪了。后来，当她在演讲之前感到紧张时她就幻想这个场景，结果她每次都忍不住偷笑。幽默也常常有治愈的功能。

　　起决定性作用的是我们要接受恐惧感。逃避引起恐惧感的场合只会将我们带入一个恶性循环，因为总是逃避的话我们就积累不了治疗的经验，最后还是克服不了恐惧感。相反的是，逃避会使我们积累越来越多的恐惧感。因此直面恐惧是很有必要的，并且要一直面对，直到恐惧停下来。恐惧的情绪最多只能持续半个小时。在这之后身体的所有压力荷尔蒙都会被用完。我自己也有一件感到害怕的事情：当我在别人面前弹钢琴时我的手会发抖，哪怕是在朋友面前也这样。这时候所有安慰自己的积极的想法都没有用，理智地告诉自己"我只是在弹钢琴这件事上好胜心太强了，尴尬的是也因此太虚荣了"，这样想也起不到什么作用，所以我觉得只能任由双手不自觉地颤抖了。想最坏能坏到哪儿去，此时也不能让我平静下来，因为最坏的情况是我会完全被否定，我觉得这真的无法接受啊。对这件事情感到恐惧和其他事情比起来是那么好笑。而且我还是个心理医生，别人会怎么想我？所有在其他地方有用的策略都失效了。然后我就只剩下一个选择了：我强迫自己给他们弹钢琴，一直弹到恐惧感平息下来。手最晚在半个小时以后就不抖了，之后我便可以平静地弹钢琴。在那之前，我亲爱的朋友们都得先忍受我的"小毛病"。

攻击欲

攻击欲对自尊心总有着很大的影响。自尊心低的人要么是过于压抑攻击欲，要么就是对它放任不管。我们可以大致地说，过度追求和谐的人过于压抑他们的攻击欲了，而属于"老虎"那一类的人则太容易冲动地发起攻击。

作为情绪的一种，攻击和愤怒都攸关生死，能让我们在危险的处境中自我保护，自我防御，在极端情况下甚至能拯救我们的生命。文明社会中的问题是，那些让我们感受到危险，必须要自我保护的处境并不总是非常明确的。我的意思是，如果有人想朝我脑袋上打一拳，那这时候我也必须自我防卫。但是应该怎么看一个认识的人没跟我打招呼？我的伴侣跟我发牢骚？我的同事忽视我的提议？很多自尊心低的人都很纠结对同事、伴侣、老板的言行到底有没有理解正确。他们不确定自己是不是已经受到攻击了。或者他们确定自己受到了攻击，但是觉得自己没有争论的机会，因为他们认为攻击的人更强势。并且他们不想再引起更多的愤怒了，希望自己一个人消化掉所有的东西。因此很多自尊心低的人都在压抑自己的愤怒，都在保持沉默。就像我多次说过的那样，通常情况下愤怒不会因此就消失了，愤怒会堆积在一起，伺机找到新的出口。

因此对害怕引起冲突的人来说，认识到自己的攻击欲是很重要的，学着用健康的方式来对待它——为自己也为身边的人。愤怒对害怕引起冲突的人来说是个很危险的情绪，因为它具有一定的毁灭性。但是他们不想毁灭任何东西，只想维持原样。他们想被喜欢。因此他们会压抑攻击欲。然而大多数时候，他们会不自觉地把攻击欲发泄在自己身上，如果他们长期这样，就会有生病或抑郁的危险。或者他们会把愤怒用一些隐蔽的方式发泄到对方身上，比如他们会在其他地方实施报复，不让别人发现他所做的事情和报复行为有什么关系。或者他们会用被动反抗的方式让对方碰壁，比如默默减少联系，变得健忘，或者不说自己生气的真正原因，但是在别的事情上闹别扭。

如果你是既感受不到什么愤怒也不压抑自己愤怒的人，最好先找到通往这个情绪的正确入口。你要先允许自己感受愤怒。要想对自己和他人负责的话，就要理解愤怒和攻击欲是属于你的。另外，当一段关系对你不利的时候，愤怒是解决问题的一个重要的前提。心理学家将这种情况下的攻击称为分离攻击。这个说法和最原始的母婴关系相关。一个很小的孩子需要通过攻击性成为独立存在的人。尤其是在儿童的反抗期，孩子会维护自主性，这时候就需要分离攻击了。他会愤怒地大声喊"不"，或者捶打母亲来维护自己。作为成年人的我们也需要一定程度上的分离攻击，来和伤害我们的人形成一个健康的距离，以及必要的时候离开他们。

没有一定程度的攻击欲，我们就不能拥有自主的生活。攻击欲能使我们变得强大。在和压抑自己攻击欲的来访者谈话时，很多时候，我觉得如果身处他们的位置，我会非常生气。比如他们会说伴侣多么不尊重他们，有多狂妄傲慢。在他们看来，伴侣这样的行为给他们带来的更多的是伤心，而不是愤怒。然后我会问他们，伴侣的不尊重会不会让他们感到生气。很多人会敷衍地回答说，会啊，会让他们生气……但是几乎没什么用。然后我会请他们把注意力集中到刚刚感受到的愤怒上，并且给愤怒一个空间。来访者的态度往往会发生改变，他们的注意力会变得更强。这时候自怨自艾的情绪会消失，取而代之的是自我防卫。

我已经提过好几次及时自我防卫有多重要，不能让愤怒的事情搁置太久。很多人把愤怒堆积得太久了，直到愤怒多到超过了恐惧。然而恐惧堆积得本来就已经很高了，要超过恐惧真的需要非常大的愤怒——然后就开始撒泼了！很多时候对方会感到很吃惊，因为他们到现在为止还不知道发怒者的内心活动有这么激烈。通过这个延迟策略我们可以看得出来，愤怒是战胜恐惧的有效办法。当然我们要找到表达愤怒的正确方式，而且最好不要让愤怒累积到极限，不然爆发起来真的是毁灭性的，而且无法弥补。

不能及时感受和适当地表达愤怒的读者们，我建议你们遵循下面的步骤：

第一，走进自己的内心，感受一下有没有某个特定的行为会让你愤怒。允许自己有这种感受。

第二，观察你的愤怒。别人做什么事情能让你这样愤怒。

第三，分析一下你这样愤怒有没有自己的一部分原因，它真的合理吗？或者这种愤怒有没有可能是你的自卑导致的？又或者它来自你以前的人际关系，被你转移到对面这个人身上了？

第四，反思一下你平时的态度是怎样的——撤退、悲伤、害怕吵架和失去、沉默、报复，或者你会故意忽视让你愤怒的原因，这样就不用再感受到愤怒了吗？

第五，想想你怎么才能用合适的方式向惹你生气的人表达你的愤怒。你可以在前面关于沟通的内容中得到很多帮助。

你要意识到，愤怒和恐惧通常是两种相对立的情绪。你健康的攻击欲往往被恐惧限制住了，害怕做错事情或者害怕被否定。让你的愤怒绕弯路，很多时候比及时坦白真心话更不公平。你越早地接受自己的愤怒，就越能更好地表达你的恐惧，这样就能给对方一个机会。如果一直都没起作用的话，愤怒也可以给你带来必不可少的勇气去结束这段关系。

现在我想说说那些冲动型的人，他们希望自己有些时候能控制住愤怒的火候。易怒的问题一般都是因为没有正确认识到生气的真正原因。易怒的人刺激点非常低。意思是他们很容易就怒火中烧了，在这种情形下他们也察觉不到自己飞快地对事情的诱因做出了反应，导致了愤怒的爆发。在表面上的诱因和易怒的反应之间有一个所谓的盲点。盲点和确认事实有关。在所有受到消极刺激的状态下，都要尽可能地再次回顾一下事情的发生，如果立刻陷入愤怒当中，一般就刹不住车了。盲点指的是我们对事情的主观理解。有一个诱因 X，比如说别人对我们的某个评价，我们常常会不自觉地迅速给出一个自己的理解。这个理解又会导致冲动的回应。我们可能会把本来是中立的或友好的评价理解成别人对我们的人身攻击。问题的实质是我们总是把这种消极的理解曲解成很深的伤害。

我有过一个来访者，她来找我是因为她经常对两岁的孩子反应过于激烈并且有攻击性。我们一起分析了孩子引起她攻击欲的具体场景。很快就找出了原因，她经常把孩子的行为理解成对她的个人否定。比如她把儿子的某个眼神理解成了个人攻击：现在他又那样挑衅地看着我了。他对我一点尊重都没有！她会不假思索地训斥孩子。她没有意识到的是，并不是儿子的眼神让她感到生气，而是她自己对那个眼神的解读让她感到生气。

从我到现在为止的经验看，发脾气或者讽刺挖苦在绝大部分情况下都是因为自己很容易受伤，和对方有没有客观看待问题是无关的。要想抑制自己的冲动，就得先在易受伤上下功夫。也许你们还记得我在这本书的开头描写过不自信的人内心有一种慢性的创伤。在某个特定场合中，感受到强烈的愤怒往往是因为内心深处受到了伤害，而这个伤害大部分情况下和当前的处境是没有关系的——它只是被当前的处境激活了。比如一个人在童年时期很容易感到被否定和拒绝，常常是不用怎么刺激就会导致他产生这种感觉，就像那位有两岁孩子的母亲一样。她不自觉地把自己早期的童年经历和与儿子的关系混在一起了。如果你也属于这样的人，我建议你采取下面的措施：

第一，找出典型的能让你暴跳如雷的情境。在记忆中彻底搜查一下你经历过的具体场景。在具体的场景中我们最好分析一下"刺激—理解—反应"这个模型。找张纸记下来，当时你认为攻击你的人具体说了什么做了什么——要尽量客观。在纸的背面写上你是怎么理解的。再写下你的反应如何。

第二，试着找出这些场景的中心思想，它们有没有什么共同点。你可能会发现，这些场景往往都是因为你感觉自己被贬低了，被忽视了或者被拒绝了。找到你生命中的慢性创伤。在所有这些让你愤怒的起因背后可能隐藏着怎样深刻的伤害。

第三，如果你找到了受伤的地方，你就作为一个友好的"内在成人"，去拉起"内在小孩"的手，安慰他在童年时期所受到的伤害。但是也要和"内在小孩"说明白，当"内在小孩"再次感到被攻击了时，要让"内在成人"来处理问题。

第四，试着为未来会遇到的场景做准备，要让自己非常清楚地意识到，你和你的"内在小孩"把过去受到的伤害转移到当下的处境中来了。你要尽力把过去和现在这两个部分区别开。

第五，想好你作为成年人的策略，再次遇到那样的情况时你想怎么解决。这里非常重要的是，要让你理智的成年人的部分掌握控制权。你可以在这本书沟通的部分找到有用的方法。

第六，把这句中国的成语记在心中：忍一时风平浪静，退一步海阔天空。

不管是压抑愤怒的人还是一点就着的人，都要尽量找到一个有意识的反思的态度来对待攻击欲。我们对自己内心的伤害、愿望、动机和因此产生的情绪与想法越了解，就能越好地管理它们。

悲伤和抑郁

从恐惧引起的情绪不好到抑郁通常都由自尊心导致的。害怕自己一事无成也常常变成了恐慌。恐惧和抑郁往往是连在一起的，所以也有恐慌抑郁症状的说法。要和抑郁区别开的是悲伤，比如一位很爱的人去世了。

抑郁感和正常的悲伤有哪些不同呢？首先就是具体的诱因。如果一个人很悲伤，那他是知道自己为什么悲伤的。悲伤是因为失去导致的。这里所说的失去可能涉及生活中的很多方面，我们可能会因为失去了一个人、一只动物或一件心爱的物品而悲伤；可能因为没有得到一个很重要的成绩或者认可而感到悲伤；可能会因为生病而悲伤，因为青春不再、生命易逝而悲伤；也可能会因为受到了伤害或因为被否定了而悲伤。悲伤的人知道自己为何悲伤。摆在他们眼前的任务是克服悲伤。

抑郁式的悲伤很少是因为某个具体的诱因，而是由过去的生活经历和受到的伤害形成的低自尊心和其所有的副作用综合导致的。

抑郁很少像悲伤那样撕心裂肺要死要活的，更多的是内心的空洞，这更加让人难以承受。抑郁的人常常希望自己能感受到悲伤，因为至少悲伤是一种有生命力的感受。抑郁在心理学上可以被理解成一种为了自我保护而形成的"装死反映"：抑郁患者的整个神经系统降到了最低水平。抑郁关闭了感知，几乎感受不到任何疼痛——就像身体上的昏厥一样。

　　抑郁的程度有很多，从轻微的抑郁和不愉快，患者还能保持完整的行动能力，到所谓的抑郁障碍，也就是重度抑郁症，患者会完全失去行动力。重度抑郁症患者几乎无法下床，完全无欲无求。但是有时候他们会想自杀。患者处在精神障碍的痛苦处境中。

　　过去几年医学中常说的"倦怠症"也是抑郁感受的一种。倦怠症指的是"疲惫抑郁"。一个人在工作上或私人生活上长期极度努力，想做到尽善尽美，但是又觉得自己很少成功，就会产生倦怠心理。关键在于主观或客观上长期持续的、无法承受的压力，这种压力会导致精疲力竭的症状，以及内心空虚和麻痹。

　　抑郁的共同特征是内心都处在"无助感"中。抑郁者感到自己无力防备，感到无助。而这时低自尊提供了最好的培养基。所以在这本书中，我非常重视给不自信的人传授策略，让他们保持行动力。行动是抑郁症的对立面，相信自己可以改变命运。

如果我主观上确信自己没有机会改变命运，那我就有死心的危险。死心也可以被当作"抑郁"的同义词来使用。起决定性作用的是"主观上"这个词。抑郁的人由于自尊心太低容易认为自己无力防备，并且一无是处！主观上确信自己一无是处和主观上估计自己没有能力自我防御联系在了一起，就会认为自己没有资格自我防御。再加上无助感，有抑郁感受的人会对自己和个人价值大加贬低。

本质上说抑郁只是自尊心低的夸大状态。也就是说低自尊心的基本症状会在抑郁状态下被增加到最大限度，比如自我贬低、无助感和害怕被否定。抑郁的人不去抵抗，而是把自己封闭起来、减少和外界的接触以及装死。这时候攻击欲再次显现出来：攻击欲是抑郁的对手。攻击欲让我们变得有行动力，因为攻击欲可以赋予我们能量。而陷在抑郁情绪当中的人感受不到攻击欲，只会觉得自己很无力、思维麻痹、听天由命。但是这并不等于他内心没有攻击欲。他的攻击欲只是被封闭起来了——找不到正确的表达方式。抑郁状态下的内心空洞让正常的攻击欲窒息而亡了。然后攻击欲就会指向自己，也间接地指向了他所在的处境，让周围的一切直接停止正常运转（可能首先就是他自己的生命）。

一个案例：

莱奥尼是一位36岁的教师，她因为饱受抑郁的困扰来找我做心理治疗。她将自己形容为虚弱、无欲无求和意志消沉。她感受不到生活的乐趣了，没有任何东西能让她感到快乐。一切都让她无止境地感到疲惫和荒凉。

莱奥尼是独生子女，在艾弗尔山一个小村庄里长大的。在她眼里，母亲是一个善良但柔弱的女人。父亲"很严厉，但是也很公正"。他想给自己的女儿提供最好的条件，不仅在学习上，还在运动和音乐上培养她。父亲对她的要求是一目了然的，制订了很多明确的规则，可是给她自由成长的空间就很少了。母亲看起来比父亲和蔼得多，但是并没有反对过父亲的安排，因此她也不能帮莱奥尼从父亲非常严厉的要求中摆脱出来。因此在自信心方面，母亲没有给莱奥尼树立一个强大的榜样。父亲给莱奥尼施加了非常多的压力。没有商量的余地。最后她不得不向父亲制订的规则低头。虽然母亲会悄悄安慰莱奥尼并且背着父亲给她更多的自由空间，但是这并不能减轻多少莱奥尼的压力。

莱奥尼在童年和青少年时期从来没有体验过有自己的想法是什么感觉。相应的，她也没学过怎么为自己辩护。她学到的只有完成自己的义务和遵守纪律，她学会了听从。而且她也没什么好反抗的，她没有这样的经验，意识不到自己的意愿和决定也是有价值的。她没有学过在什么时候应该适应环境，什么时候应该坚持自我，所以她缺乏坚持自我的能力。因为常年训练自己怎么压抑个人需求，她也缺乏独立思考的能力。莱奥尼由于在童年时期受过那些训练，她找不到通往自己的意愿和感受的正确入口——她很少有机会去关注自己的意愿和感受。

　　成年后的莱奥尼还算正常，但是很少规划自己的生活。可是作为成年人，莱奥尼依然在迎合别人对她的期望，不论是在工作上还是个人生活上。莱奥尼极力地压抑自己的愤怒，她学过的道理是："反抗改变不了任何事情！"在婚姻生活中莱奥尼和她母亲一样，把丈夫的意愿远远放在自己的意愿之上。工作上她尽一切努力做到最好，而且还自愿揽了很多责任。莱奥尼总是第一个主动提供帮助的人，也义务承担了很多小事情。她苛求自己去承担责任，满足别人的期望。

　　莱奥尼深受父女关系的影响，即使现在没有了父亲的监督，她也遵循着父亲的规则行事。她的内在小孩还没有理解她早已经自由了，也没有意识到父母不在身边了，没有人再给她制订规则了，她还不知道自己已经长大了，可以保护自己了。莱奥尼习惯了压抑自己的意愿，习惯了服从。她的丈夫和她父亲比起来要宽宏大量很多，但是她也没有察觉到，她不仅在工作上精疲力竭，还常常对丈夫做出让步。越来越强的疲惫感和对什么事情都提不起兴趣就已经给她带来了很多痛苦。她已经不能像原来那样正常工作生活了。

莱奥尼的故事只是无数种可能性里的一种，也是抑郁症患者的典型经历。抑郁症的形成往往也伴随着"抑郁性格结构"。其标志是自尊心低、封锁了自己的感受和需求、缺乏坚持自我的能力。意志坚定的人很少抑郁。他们给自己设定目标并为之奋斗。他们使用自己的谈判空间，并且在积极的意义上使用攻击的潜能。而不自信和抑郁的人则会被吓倒。他们认为自己不属于会自我维护的人，这样做太自私自利了，而攻击欲是个很糟糕的东西。两者都是错误的。比如莱奥尼继续保持之前的状态，婚姻会走向破裂，工作会让她精疲力竭。这样对谁有益呢？莱奥尼错误的谦逊能给自己还有周围的人带来什么好处呢？

问题是长期压抑自己的需求或早或晚都会失败，不管是工作还是个人生活方面。如果这种自我克制上升为了抑郁症，失败就能看得更清楚了：一直努力把一切都做对、做好的人，会突然停下来。什么都做不了了。因此不断维护自己是很有意义的，不仅要关心他人，也要关心自己。这样才能给自己充足电，然后和周围的人保持更长久的关系。关心自己是对自己负责的成熟表现，因为我们应该承担起对自己的责任，而不是幻想着某天会有一个人出现，把我们从不幸中拯救出去。

抑郁症患者的潜意识中常常还隐藏着一定程度的攻击欲。莱奥尼在她的心理治疗中也表现出来了。抑郁让她在潜意识中否定了自己。否定自己，对自己说"不"，却也是她通常情况下不敢做的事情。莱奥尼在心理治疗的过程中也认识到了，抑郁症其实是被动反抗的一种形式。因为她时刻准备迎合他人，这导致她内心充满了冷酷的愤怒，也就是消极的攻击欲，转变成了抑郁的形式，因为莱奥尼从没学过如何正确对待攻击欲。虽然大部分情况下莱奥尼是抑郁症的受害者，但是生病了也有"好处"，她终于能休息休息了。抑郁让她变得更加精疲力竭，她甚至能对别人说"不"了。而且她不用多说一个"不"字，她也说不出来。她不自觉地将抑郁当作不能正常工作生活的理由。她也同样不自觉地用抑郁症报复丈夫和到目前为止自愿服从的人。她意识到这些问题时自己也被吓到了。于是莱奥尼开始更多地对自己的感受负责任。

她学着关心自己，并且这样说：让自己休息和恢复。这样做的结果是，她不再对所有人说"好"，也能直接回绝别人的请

求。然后周围的人也更清楚地知道了她的底线。莱奥尼放弃了
幻想自己的生活能突然彻底改变的想法，而开始把命运掌握在
自己手上。生气的时候不会再抑制自己的愤怒，而是会和自己
以及惹她生气的人一起分析问题。这样做之后，她认识到"说
出来会有帮助"，当她接受了这一点，她也能更加理解自己的需
求。莱奥尼的内在小孩明白了，并不是所有的人都和爸爸一样，
她有商量的余地。成年的莱奥尼懂得了，她不自觉地让自己活
成了母亲的样子。莱奥尼开始建立自己的价值标准，改变的过
程中，她惊喜地发现丈夫很赞赏她的自我完善。她在和丈夫聊
天时也发现了丈夫之所以显得很强势，是因为莱奥尼在他们的
关系中很少说出自己明确的意愿。如果莱奥尼从现在开始直接
说她想要什么，她丈夫会轻松很多，他不用再努力去解读莱奥
尼的想法，本来他也解读不出来，不管莱奥尼原来是不开心，
还是对他有意见，他都看不出来。

惭愧和羞耻

　　羞耻心是所有感受中最贪婪的一种，它能把我们从头到脚
都淹没。羞耻心能帮助我们更好地适应社会，更好地学习。它
能调整我们的行为。这是羞耻心的意义。要是我们总是感到羞

耻，为一点小事就羞耻，那它就没什么意义了。羞耻心可能是低自尊心最令人不舒服的伴随症状。羞耻心很重的人常常希望自己能找个地洞钻进去。希望自己在其他人面前消失，最好再也不用出现在他们面前，表明了羞耻心有多么大的危险性。

和其他感受比起来，羞耻心总有一个针对的对象。羞耻心也总是和"被看见"分不开。是别人贬低的、嘲笑的、蔑视的眼神让我们感到羞耻。而这个眼神确实是针对我们的还是只是我们的幻觉，这并不重要。别人也可能会引起我们的愤怒或恐惧，比如对病痛和死亡的恐惧或者对一个坏掉的机器感到愤怒。而羞耻则相反，羞耻心和其他人的反应联系在一起，哪怕只是我们自己脑海中想象的反应。因此不自信的人特别容易感到羞耻。羞耻心放大了自己的自卑和不足。羞耻心是一个社会威胁。

羞耻棘手的地方是我们找不到出路。当我们感觉到羞耻的时候已经太晚了，任何东西都不能再将羞耻心收回。羞耻心不像犯错误，我们没有机会纠正羞耻心，这时候我们自己是受害者。很严重的羞耻感是没有诉讼时效的。当我们回忆起几年前的一件羞耻的事情时，依然能感受到羞耻心的进攻。

我有不少的来访者受到羞耻心的困扰。而且他们往往不知道羞耻心对自己影响有多大。表面上看是他们做了很多让自己尴尬的事，一直担心别人会怎么看他们。但是他们没明白，让他们感到羞耻的不是当时发生的事情，这些事情只是激活了自身的羞耻心。

过分地感到羞耻的原因都是来自父母，他们给孩子传授了这种心理。容易感到羞耻的人也很少能纠正父母的想法，因为在童年时期他们就认定自己不够好。他们在父母那里，可能还有兄弟姐妹，或者从其他的孩子或老师那里经历过很多次的羞辱。这些羞辱也常常是关于外表的，比如说他们长胖了，戴了一副厚眼镜或者身体上有缺陷。

思考一下：长期有羞耻感的人都有心理程序上的错误。通常情况下这是你唯一需要关心的错误。不要反抗你所有的缺点，而要反抗值得你反抗的那一个缺点，也就是你扭曲的自我认知。深深吸气然后深深呼气，不停重复地对自己说："我就是我，这就是全部的我！我这样很好！"但是不要忘了呼吸。

欢乐和愉快

长期对自己不满意的人都有"缺乏愉快症"。他们一般只有两种状态：不是感觉很疲倦很无聊，就是压力很大筋疲力尽。缺少生活乐趣还不是最糟糕的，它对免疫力也有副作用。所有的心理学和医学研究都证明了这一点。生活中的快乐和活得有意义是预防我们不生病的最佳办法。压力也会让我们生病，比抽烟和不健康的饮食更容易使我们生病，对此也有研究可以证明。所以在"没有信心"的星球上生活，承担的健康风险也更大。

激活你的奖罚系统

在前面我已经提到过大脑的奖罚系统。在这里，我想再给你们提出几个建议，来激活你们的奖赏系统。

当你沉浸在自我毁灭的想法和感受中时，要对自己说：停下！让自己的想法转个弯。回想一下过去的经历，回想你失败之后又再次站起来的经历。再回想你的能力和性格上的优点。把你的精力放在未来和改变上。想想指引你行动的格言，上次没有做到的事情，现在我要再试一次，或者换别的方法尝试。你也可以给自己找一个榜样。比如我很喜欢看音乐选拔赛，每次我都很迷恋某些选手的能力，他们在听了很令人沮丧的评价之后，很快就重新鼓起勇气开始下一轮的比赛。而且他们经常能在下一轮以出色的表现胜出比赛。他们没有被直接打败，而是辩证地看待批评。他们经常是一些年轻人，我们可以拿他们来做很好的榜样。或者你可以想想那些抄袭过的明星，还有染过酒瘾或毒瘾的明星，想想他们的再次复出。他们也是在经历过危机以后重新站起来的。"跌倒并不可怕，一蹶不振才可怕！"他们感受到很强烈的欲望，想从痛苦的处境中解脱出来。当他们对自己的信任动摇了的时候，他们会通过克服困难、看到自己的能力来重新振作自己。

关于成功我再说两句：你要时刻关注自己的需求和意愿。你来到这个世界上不是为了满足别人的期望。

允许自己去感受快乐

如果你做了一件成功的事情或者一件美好的事情，就让这份愉悦在你的感受中流动吧。让自己沉醉在这种感觉中。不要立马把它打断，就像那句谚语所说的：一直舒服地躺在地毯上吧！

凯蒂是一名年轻的大学生，她又一次对我说："以前当我取得好成绩时，我立刻就会想还有什么要做的。但是现在当我考到好成绩时，我整个人都洋溢在快乐的感觉中！"我问她是怎么做到这种改变的，她说道："我就是简单地去感受啊。我现在也能看见自己的优点了。原来我只绕着我的缺点打转。"

笑吧

不管什么时候只要可以笑，你就试着去笑。这种场景肯定能找到很多。我在这本书中已经说了一些有点尴尬的故事，再说一个也无关紧要：当心理鉴定师的工作不仅非常严肃，我还必须得经常家访，所以我经常开车。突然有一天我觉得：笑得太少了，我的工作好像不怎么有趣啊。为了弥补这一点，我准备跟着CD上一门语言课——德语土耳其语混合俚语（也被叫作"地下代码"）。很多读者可能不知道德语土耳其语混合俚语是什么，德语土耳其语混合俚语是年轻人的流行语，从土耳其语和德语中衍生出来的，或者根据维基百科的解释：土耳其移民的社会方言。这个社会方言因为电影《埃尔坎和史蒂芬》而出了名。在我学了德语土耳其语混合俚语以后，我又沉迷于另一门我最爱的方言了——奥地利方言。为了学奥地利方言，我听了歌舞演员约瑟夫·哈德的奥地利原声版，把我的眼泪都笑出来了！

由此可见，不要让快乐来找你，你得去把快乐请过来。

骄傲

谦虚是一种美德……这当然是对的。但是当我们得到了好成绩时，为自己感到骄傲也是对的。很多人害怕对自己的成就感到骄傲。这是因为他们把骄傲想象得太消极了，我摘抄的第一句话宣扬的也是这个意思。在罗马天主教教堂里，傲慢是七宗罪之一。意大利诗人但丁认为傲慢是七宗罪中"最严重的罪恶"。骄傲在很多人脑子里一直都是道德瑕疵一样的存在，是把自己看得过高以及为人傲慢的缺点。然而骄傲是个很重要的情绪。骄傲是对自己感到非常满意，让自己非常愉快。因此从本质上说，骄傲就是我们一直追求的东西。

很多人担心对自己的评价可能会过高，怕自己变得狂妄。此外还有很多人在成长过程中被教育得过度谦虚，导致在获得某个好成绩时不确定自己是不是足够好到可以为自己感到骄傲。他们对完美的追求往往阻碍了骄傲的感受。

因此我想鼓励你们为自己骄傲一次吧。尤其是当决心变成了行动的时候。在这些时候你们都可以为自己感到骄傲：

· 你在一场辩论中顽强地坚持了自己的立场，因为别人没有更好的理由反驳你的论据。

· 你在某个场合中坦率真诚地对待别人。

· 你每天都进行了提高自尊心的练习。

· 你想拒绝的时候说了"不"。

· 你了解自己的长处。

· 你接受了一个过去逃避过的挑战。

· 你友好地对待了一个很难相处的人。

· 你克服恐惧，站出来维护了他人。

· 你克服了恐惧为自己辩护。

·你在经历一场失败以后又重新站了起来。

·你接受自己是不自信的。

·你真诚地面对了自己。

·你友好地对待自己的缺点。

·你坚持自己的信念。

·你坦率地说出了一个矛盾。

·只要你真心地努力了，你就可以为自己感到骄傲。

你就是你，这就是全部的你！而且这样的你才是最好的。

后记

当我躺在我的吊床上摇晃时，阳光洒满了我全身。以前我没有这样享受过。我学会了让生活变得更轻松一点。一切都是从报纸上的那篇文章开始的，"信心"星球上的一个居民接受了采访。在读报纸的时候我心想，这个人是疯了吧，但是不知怎么的，他一直在我脑子里挥之不去。我开始在网上做调查，想知道他说的是不是真的有可信之处。让我惊讶的是网上有很多相关的内容。然后我偶然进了一个论坛，用网名"保护罩"注册登录进去了。

这个论坛里有很多人都很活跃，很多都是"信心"星球上的人，但是也有几个人来自我们的星球——他们和我一样，也是读了那篇文章找到这里来的。因为我用的是个网名，所以我也坦诚地问了几个问题。我问的第一个问题是，有没有人成功做到接受自己的缺点。然后我就得到了几百个回答。回复我的人中也有人是从我的星球移民到"信心"星球上去的。我和其中的一位女士联系得很密切。她说移民出去一直是她的梦想。

她在青春期的时候第一次听说了"信心"这个星球，然后立刻研究了一下移民条件。她先是这么想的：你永远都做不到！但是她从来没有放弃过。对于我提出的问题，她说最难的事情是脱下保护罩。她一步步地训练自己。所以她在很多场合一次又一次地强迫自己把防护罩脱下放在手提袋里。第一次这样做的时候，她觉得自己仿佛是赤身裸体的。逐渐地，她开始觉得这也没什么大不了的，变得越来越勇敢了。最终她觉得不穿防护罩的时候呼吸十分通畅。虽然她还一直把防护罩带在身边，但是她很少再穿上。我继续问她，怎么能承受得了让自己的缺点暴露在外。她说刚开始的时候非常艰难，但是后来她发现别人不太能看清她的缺点，不像自己对自己的缺点那样了如指掌。很多人根本察觉不到她的缺点，和穿了保护罩的效果几乎差不多。随着时间的推移，她慢慢放松下来，并且心想："那好吧，如果只是这样的话，我完全不用把自己弄得那么紧张！"她感到欣喜若狂，现在的生活多自由自在啊。当她再次穿上保护罩时，她总会觉得很闷，常常会生病。

她接着说了怎么维护自我，维护自己的看法和意愿，以及怎么面对恐惧感。她敢于坦白地说话，也敢反对多数人的意见。虽然这样做有时候很辛苦，但是她也学会了为自己负责。以前她常常觉得自己是个受害者。她在这条路上学到的最重要的东西是怎么去感知自我。原来她一直关心的都是别人怎么看她。那时候她也总是认为把自己看得太重要是件很自私的事情。如今她的想法已经完全改变了：她越珍惜自己，就越容易喜欢其他人，因为她对其他人已经没有恐惧了。

　　天啊，我简直被她说懵了。我觉得不知怎么就说到我心里去了。我突然开始质疑过去我认为的那些理所当然的事情。真是难以接受啊。我突然意识到，关于强者、专制统治等可能都只是我脑子里的幻想。我开始小心翼翼地在我的星球上和一些人坦诚地说话，有时也会问几个问题。我惊讶地发现很多人都和我一样。大部分人都有自我怀疑和感到恐惧的地方。这当然非常令人欣慰，我突然不是一个人在战斗了。最不可思议的是：我越坦诚越勇敢，看到的强者就越少。他们变得越来越少了。或者是我看他们的角度变了？我会继续研究清楚的。我第一次带着我的妻子和我的孩子们去吃冰淇淋，今天终于到星期天啦。